普通高等教育机械类系列教材

# SolidWorks & Simulation
# 基础应用教程

主　编　张　明　李梦丽　王伟林

副主编　杜　劲　陈星荣

参　编　吕月霞　付秀琢　张　鹏　宿艳彩

电子工业出版社

Publishing House of Electronics Industry

北京·BEIJING

## 内 容 简 介

本书详细讲解了 SolidWorks & Simulation 软件的基础应用,将实例、建模思路、实操进行有机统一,把专业知识与软件知识点融合到案例中,使读者容易掌握建模方法,方便上手操作,提高对软件的综合运用能力。本书共 7 章,主要包括软件基础知识、草图绘制、零件建模、装配体组装、工程图、运动仿真及动画制作生成、结构件强度受力分析计算等内容。本书使用的是 SolidWorks 2023。

本书提供配套的三维模型文件等资源,读者可登录华信教育资源网(www.hxedu.com)免费下载。读者也可以扫描书中相应的二维码免费观看案例的讲解视频和进行拓展练习。

本书可以作为高等院校"三维建模"类课程的教材,也可以作为教师、学生或 SolidWorks 爱好者等人员的参考用书。

**图书在版编目(CIP)数据**

SolidWorks & Simulation 基础应用教程 / 张明, 李梦丽, 王伟林主编. -- 北京 : 电子工业出版社, 2024.6. -- ISBN 978-7-121-48211-3

Ⅰ. TP391.72

中国国家版本馆 CIP 数据核字第 20240PP956 号

责任编辑:杜　军
印　　刷:三河市华成印务有限公司
装　　订:三河市华成印务有限公司
出版发行:电子工业出版社
　　　　　北京市海淀区万寿路 173 信箱　　　邮编:100036
开　　本:787×1092　　1/16　　印张:17.75　　字数:501 千字
版　　次:2024 年 6 月第 1 版
印　　次:2024 年 6 月第 1 次印刷
定　　价:59.00 元

凡所购买电子工业出版社图书有缺损问题,请向购买书店调换。若书店售缺,请与本社发行部联系,联系及邮购电话:(010)88254888,88258888。

质量投诉请发邮件至 zlts@phei.com.cn,盗版侵权举报请发邮件至 dbqq@phei.com.cn。

本书咨询联系方式:dujun@phei.com.cn。

# 前　言

SolidWorks 是应用非常广泛的三维设计软件，是基于特征、参数化、实体建模的设计工具，具有操作简单、易学易用等优点。编写本书的目的是为没有 SolidWorks 操作基础的在校学生、工程技术人员等提供一本适用的教材。

本书共 7 章，主要包括软件基础知识、草图绘制、零件建模、装配体组装、工程图、运动仿真及动画制作生成、结构件强度受力分析计算等内容。本书内容丰富且全面，既包括 SolidWorks 常用的设计部分，又包括运动仿真和受力分析。关于 SolidWorks 的每个知识点及建模，本书都是通过案例来讲解的，内容直观，图文并茂。读者可以扫描案例对应的二维码观看视频。视频分为两种类型，一种是对案例进行完整的操作演示，另一种是对案例中不易展示的技巧和方法进行详细的介绍，读者可以根据自己的需要有选择地观看。

本书是校企产学研合作的成果，内容与企业实践紧密结合，案例来源于企业生产实践，有助于读者将理论与实践结合起来。本书从初学者的角度出发，通过案例展开介绍，把知识点融入案例中，在讲解每个案例时先分析建模思路，再介绍具体的建模操作过程，最后总结建模技巧。本书还可作为工具书，读者在后续使用时可以通过知识点查阅相应案例。读者要养成用正确的观点和方法分析问题的习惯，把学习、观察、实践同思考紧密结合起来，培养辩证思维、系统思维和创新思维。本书的这种编排方式更容易激发读者的学习兴趣，培养读者的科学思维，提升读者的职业素养，实现专业教育"知识传授"和思政教育"价值引领"的有机统一，达到润物无声的育人效果。

本书是在齐鲁工业大学教材建设基金资助下完成的，由张明、李梦丽和王伟林担任主编，由杜劲和陈星荣担任副主编。本书分为 7 章，第 1 章由张明编写，第 2 章由杜劲编写，第 3～5 章由李梦丽和王伟林编写，第 6 章与第 7 章由张明和陈星荣编写。付秀琢、吕月霞、宿艳彩、张鹏承担了第 1 章、第 4 章、第 6 章和第 7 章部分材料的整理工作。

由于编者水平有限，书中难免存在不足之处，敬请广大读者批评指正。

# 目 录

# 第 1 章　软件基础知识

软件发展史
（扫码看视频）

SolidWorks 公司成立于 1993 年，于 1995 年发布 SolidWorks 95。SolidWorks 是目前应用非常广泛的三维设计软件，是基于特征、参数化、实体建模的设计工具，是世界上第一个基于 Windows 开发的三维 CAD 系统。经过多年的发展，SolidWorks 先后加入了 Simulation、Flow Simulation、PDM、Composer、Electrical 和 Inspection 等模块，以满足设计人员数字化设计的各项需求。SolidWorks 的功能强大，操作简单方便，易学易用。

本章的内容主要包括以下几点：SolidWorks 用户界面、鼠标操作，以及使用自定义模板创建文档。

## 1.1　SolidWorks 用户界面

SolidWorks 用户界面采用的是 Windows 界面风格，并且和 Windows 办公文档等应用程序的操作类似。接下来重点介绍 SolidWorks 用户界面及鼠标操作方法。

在成功启动 SolidWorks 2023 后，首先显示欢迎界面，如图 1-1 所示。欢迎界面是在 SolidWorks 2018 版本才加入的，之前的版本没有此界面。欢迎界面由【主页】选项卡、【最近】选项卡、【学习】选项卡和【提醒】选项卡组成。

图 1-1　SolidWorks 2023 的欢迎界面

各选项卡的功能如下。

【主页】选项卡（见图 1-2）：新建或打开文档，列出最近编辑的文件及文件夹，访问 SolidWorks 门户网站或学习论坛。

【最近】选项卡（见图 1-3）：列出最近编辑的文件及文件夹，单击相关文件后即可快速打开。

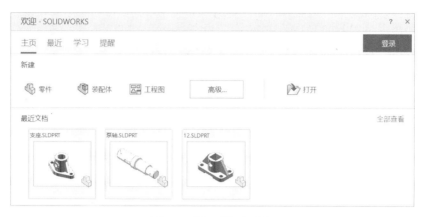

图 1-2 　【主页】选项卡

图 1-3 　【最近】选项卡

【学习】选项卡（见图 1-4）：SolidWorks 指导教程，包含从初级到高级的应用指导，新用户可以通过向导式的方法学习 SolidWorks 的相关功能。

图 1-4 　【学习】选项卡

【提醒】选项卡（见图 1-5）：SolidWorks 新版本发布提醒。单击消息链接后，就会打开 SolidWorks 门户网站，登录后即可完成新版本的下载。

图 1-5　【提醒】选项卡

接下来介绍新建文件的方法，此方法同样适用于早期版本。

单击【关闭】按钮关闭欢迎界面。新建文件有两种方式：一是单击菜单栏中的【新建】按钮，如图 1-6 所示；二是使用快捷键 Ctrl+N。

图 1-6　单击菜单栏中的【新建】按钮

在弹出的【新建 SOLIDWORKS 文件】对话框中，双击【零件】图标 ，新建一个零件文件，如图 1-7 所示。

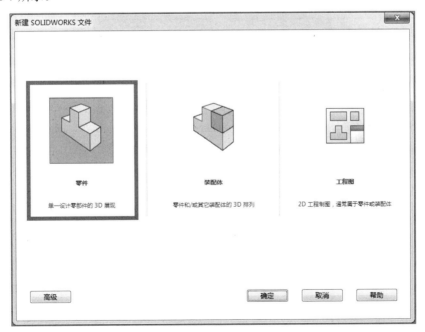

图 1-7　新建一个零件文件

图 1-8 所示为典型的 SolidWorks 零件设计界面。

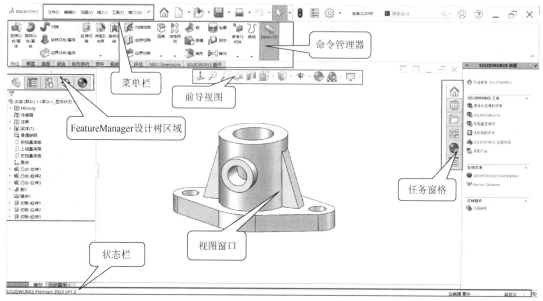

图 1-8　典型的 SolidWorks 零件设计界面

- 菜单栏：集成了 SolidWorks 绝大部分的命令，默认是隐藏的。当鼠标指针移动到【展开】按钮▶上时，菜单栏展开可见。单击【保持可见】按钮 📌，则菜单栏始终可见；单击按钮 ✈，菜单栏自动隐藏。
- 命令管理器：是按照功能模块将相关命令集成在一起的工具栏。
- FeatureManager 设计树区域：主要包含 FeatureManager 设计树、PropertyManager、ConfigurationManager、DimXpertManager 和 DisplayManager 等工具，如表 1-1 所示。

表 1-1　FeatureManage 设计树区域中的工具

| 图　标 | 名　称 | 功　能 |
|---|---|---|
| | FeatureManager 设计树 | FeatureManager 设计树主要记录零件和装配体的设计过程。SolidWorks 是基于特征的参数化建模软件，设计过程中使用的草图、特征和零件等在设计树中按照相关设置进行显示。如图 1-9 所示，该 FeatureManager 设计树中包含凸台-拉伸特征。当零件需要更改时，直接对特征进行编辑即可。除此之外，FeatureManager 设计树中还包含材质、基准面、原点等其他信息<br><br>图 1-9　FeatureManager 设计树 |

| 图 标 | 名 称 | 功 能 |
|---|---|---|
| 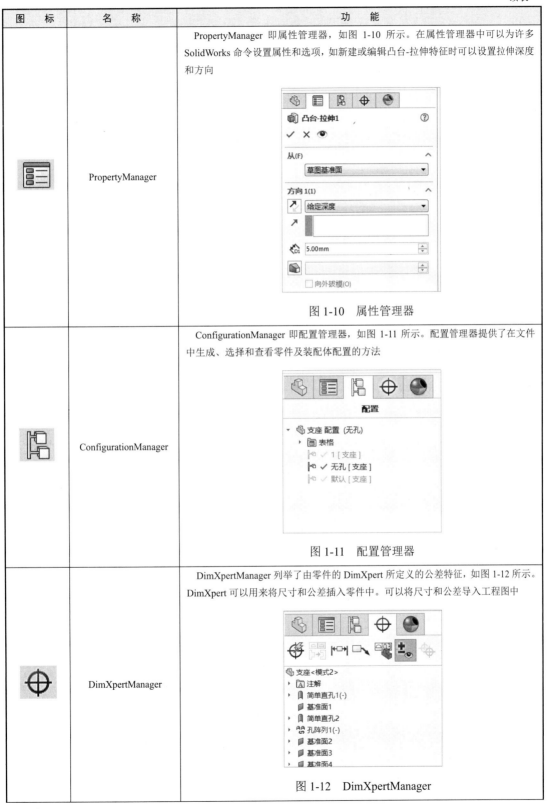 | PropertyManager | PropertyManager 即属性管理器,如图 1-10 所示。在属性管理器中可以为许多 SolidWorks 命令设置属性和选项,如新建或编辑凸台-拉伸特征时可以设置拉伸深度和方向<br><br>图 1-10 属性管理器 |
| | ConfigurationManager | ConfigurationManager 即配置管理器,如图 1-11 所示。配置管理器提供了在文件中生成、选择和查看零件及装配体配置的方法<br><br>图 1-11 配置管理器 |
| | DimXpertManager | DimXpertManager 列举了由零件的 DimXpert 所定义的公差特征,如图 1-12 所示。DimXpert 可以用来将尺寸和公差插入零件中。可以将尺寸和公差导入工程图中<br><br>图 1-12 DimXpertManager |

续表

| 图　标 | 名　称 | 功　能 |
|---|---|---|
|   | DisplayManager | DisplayManager 列举并提供对应用到当前模型中的外观、贴图、布景、光源及相机的编辑，如图 1-13 所示。当 PhotoView360 被插入时，DisplayManager 提供对【PhotoView】选项的编辑 <br><br>图 1-13　DisplayManager |

- 前导视图：是一系列工具的集合，如图 1-14 所示。前导视图集成了设计活动中常用的控制模型显示状态的相关工具。前导视图中的工具及其功能如表 1-2 所示。前导视图的使用频率非常高。

图 1-14　前导视图

表 1-2　前导视图中的工具及其功能

| 图　标 | 名　称 | 功　能 |
|---|---|---|
|  | 整屏显示 | 全屏显示视图窗口中的模型或图纸，可以通过双击鼠标中键或按 F 键快速实现 |
|  | 局部放大 | 对使用鼠标选中的区域全屏显示 |
|  | 上一个视图 | 当视图窗口中变换视图方向后，单击此按钮显示上一个视图方向 |
|  | 剖面视图 | 通过基准面对模型进行剖切显示，如图 1-15 所示<br> 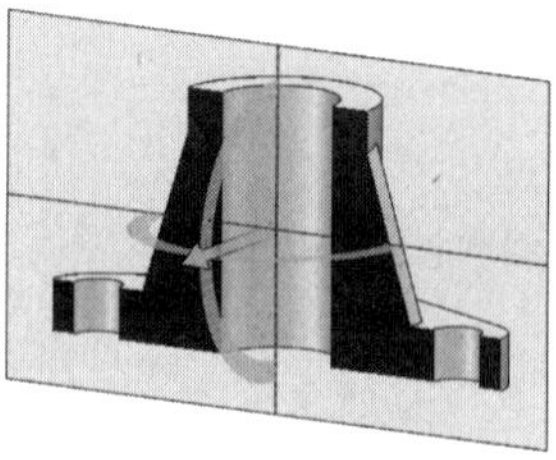<br>图 1-15　剖面视图 |
|  | 动态注解视图 | 在 SolidWorks MBD 中使用，可以控制旋转模型时注解的显示方式 |

| 图　标 | 名　称 | 功　能 |
|---|---|---|
| 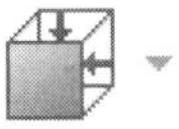 | 视图定向 | 视图方向选择工具，单击某个平面可以正视该平面（视线垂直于该平面），如图 1-16 所示 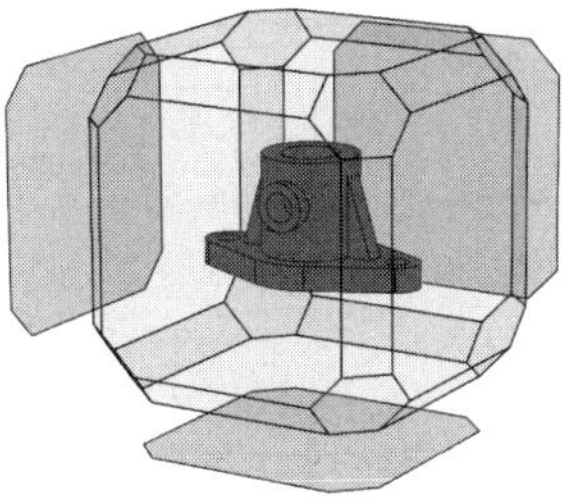<br><br><br><br>图 1-16　视图定向 |
|  | 显示样式 | SolidWorks 提供了 5 种显示样式，如图 1-17～图 1-21 所示 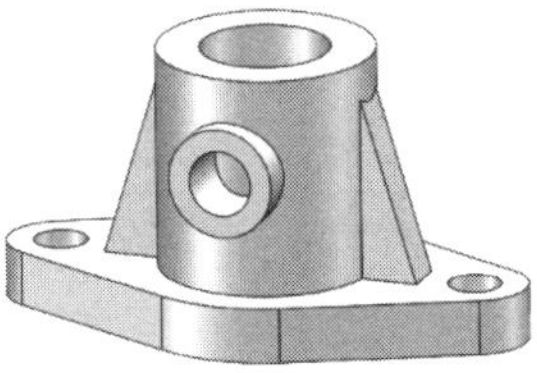<br><br><br><br>图 1-17　带边线上色 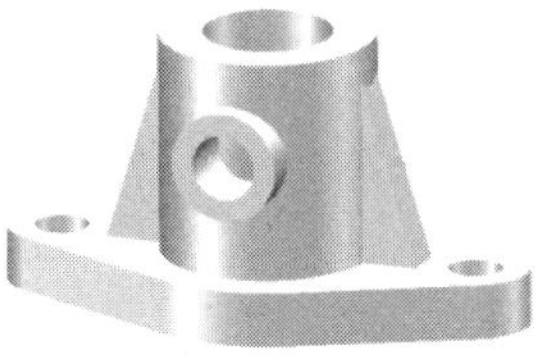<br><br>　　<br><br>图 1-18　上色 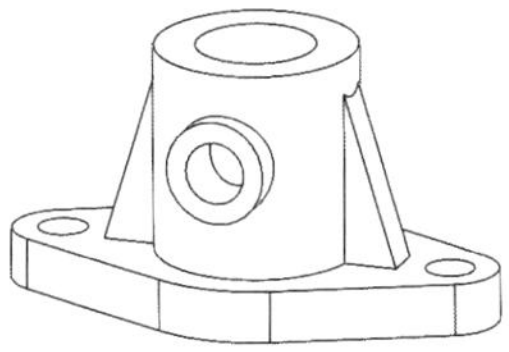　　　　　　　　图 1-19　消除隐藏线 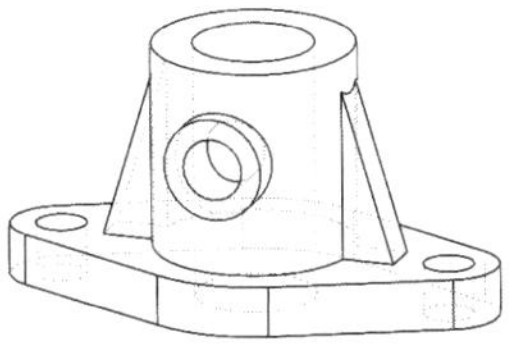<br><br>　　<br><br>图 1-20　隐藏线可见 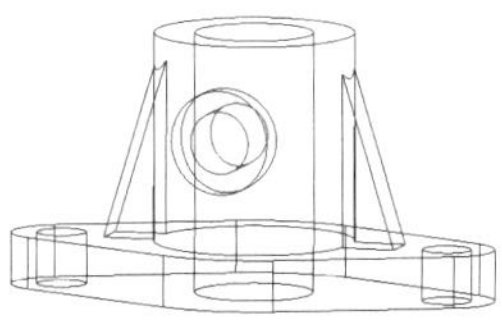　　　　　图 1-21　线架图 |
|  | 隐藏/显示项目 | 通过单击相应按钮，控制视图窗口中相应内容的显示和隐藏。当按钮背景有阴影时，显示相应内容；当按钮背景没有阴影时，不显示相应内容 |
|  | 编辑外观 | 对模型添加颜色、纹理和贴图 |
|  | 应用布景 | 修改视图窗口显示背景 |
|  | 视图设计 | 使用此工具可以开启渲染效果 |

- **任务窗格**：是一系列工具的集合。常用的工具有设计库，视图调色板，外观、布景和贴图库，以及自定义属性，如表 1-3 所示。

表 1-3    任务窗格中常用的工具

| 图 标 | 名 称 | 功 能 |
|-------|-------|-------|
|  | 设计库 | 在【设计库】面板中可以使用【Toolbox】、【3D ContentCentral】和【SOLIDWORKS 内容】等的各种标准零件、库特征及其他可重用内容，如图 1-22 所示 <br><br><br><p align="center">图 1-22   【设计库】面板</p> |
| 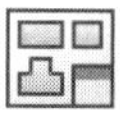 | 视图调色板 | 在工程图出图时可以将【视图调色板】面板中的视图拖到工程图图纸上，如图 1-23 所示 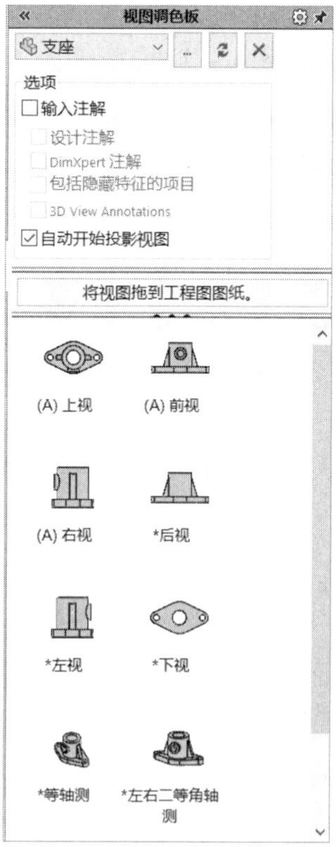<br><br><br><p align="center">图 1-23   【视图调色板】面板</p> |
|  | 外观、布景和贴图库 | 与 DisplayManager 和前导视图中的【编辑外观】按钮、【应用布景】按钮的功能一致 |

续表

| 图　标 | 名　称 | 功　能 |
|---|---|---|
| | 自定义属性 | 如图 1-24 所示,使用属性标签编制程序创建的【自定义属性】面板,在 SolidWorks 文件中输入自定义属性<br><br>图 1-24　【自定义属性】面板 |

- 视图窗口:显示零件、装配体和工程图的区域。通过菜单栏中的【窗口】菜单可以设置显示的视图窗口的数量和样式。
- 状态栏:提供正在执行功能的相关信息,如操作草图时显示草图状态及指针坐标,操作模型时显示所选实体常用的测量。除此之外,状态栏还会显示文档的单位。通过单击状态栏中的【自定义】,用户可以快速切换文档的单位模板,如图 1-25 所示。

图 1-25　文档单位

## 1.2　鼠标操作

鼠标操作如表 1-4 所示。

表 1-4　鼠标操作

| 鼠　标 | 键　盘 | 动　作 | 零件和装配体环境 | 工程图环境 |
|---|---|---|---|---|
| 左键 | / | 单击 | 启动命令或选取 | |
| 左键 | / | 框选 | 选取 | |
| 右键 | / | 单击 | 启动关联菜单或确定完成命令 | |
| 中键 | / | 上下滚动滚轮 | 缩放视图 | 缩放视图 |
| 中键 | / | 按住滑动 | 旋转视图 | 移动视图 |
| 中键 | +Shift 键 | 按住滑动 | 缩放视图 | 缩放视图 |
| 中键 | +Ctrl 键 | 按住滑动 | 移动 | / |

需要注意的是,后续的"单击"操作是指单击鼠标左键。

## 1.3　使用自定义模板创建文件

前面介绍了使用模板创建零件文件的方法,在实际的工程应用中,常常需要创建自定义模板。SolidWorks 默认已经为用户创建了一套 GB 模板。

新建一个文件。在【新建 SOLIDWORKS 文件】对话框中,单击【高级】按钮(见图 1-26),切换为【模板】选项卡(见图 1-27)。

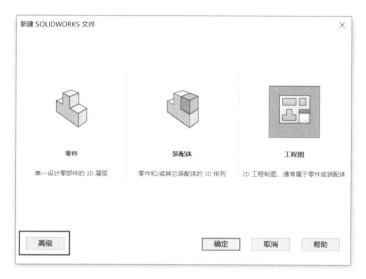

图 1-26　单击【高级】按钮

图 1-27　【模板】选项卡

SOLIDWORKS
软件基本操作
（扫码看视频）

在【模板】选项卡中有 8 个模板可供使用，这 8 个模板如表 1-5 所示，双击需要的模板即可完成文件创建工作。

表 1-5　【模板】选项卡中的模板

| 模 板 名 称 | 模 板 类 型 | 细 节 信 息 |
|---|---|---|
| gb_part | 国标零件模板 | / |
| gb_assembly | 国标装配体模板 | / |
| gb_a0 | 国标工程图 A0 模板 | 第一视角，1189mm×841mm |
| gb_al | 国标工程图 A1 模板 | 第一视角，841mm×594mm |
| gb_a2 | 国标工程图 A2 模板 | 第一视角，594mm×420mm |
| gb_a3 | 国标工程图 A3 模板 | 第一视角，420mm×297mm |
| gb_a4 | 国标工程图 A4 模板（横） | 第一视角，297mm×210mm |
| gb_a4p | 国标工程图 A4 模板（竖） | 第一视角，210mm×297mm |

# 第 2 章　草图绘制

在 SolidWorks 中建模的步骤如下：先在基准面或平面上绘制草图，再通过草图形成特征。草图是 SolidWorks 建模的基础。本章通过草图绘制案例来阐述草图创建，通过约束和尺寸来完全定义草图。

本章的内容主要包括以下几点：草图的画法，如直线、角度、圆弧、圆、槽口和圆角等的绘制；第一个尺寸随尺寸比例缩放；先绘制整体轮廓，再进行尺寸标注，实现完全定义约束；尺寸标注的技巧，如距离、长度和角度的标注，四则运算的应用技巧；草图裁剪工具的使用方法；几何约束关系，如同心、重合、交叉点、相等和相切等的使用技巧；【镜向实体】命令的使用等。

## 2.1　直线

直线的绘制案例如图 2-1 所示。

 草图知识

### 1．草图状态

草图状态分为欠定义、完全定义和过定义。

（1）欠定义：代表草图实体没有完全约束，缺少形状或位置尺寸。

如图 2-2 所示，黑色的左下端点固定在原点处，蓝色

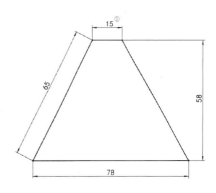

图 2-1　直线的绘制案例

右上端点可拖动。蓝色实体表示未固定，黑色实体表示已固定。需要注意的是，虽然与蓝色线相交的右侧边线是黑色的，但是其上方端点是蓝色的，所以此边线是可以拖动的，即缺少形状尺寸的约束。

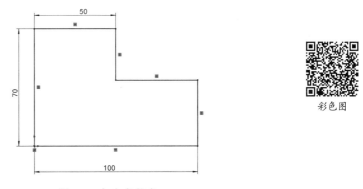

图 2-2　欠定义状态

彩色图

（2）完全定义：添加一个尺寸，在尺寸和几何关系共同约束下，矩形本身固定到原点。

草图完全被固定，所有实体变成黑色，矩形已完全定义。此时形状和位置均完全受到约束，如图 2-3 所示。

---

① 制图中的默认单位为毫米。

（3）过定义：继续添加一个尺寸，将产生冗余，冗余尺寸对草图产生过度约束。

参数化建模方式决定了水平方向已知两个尺寸即可确定第三条线段的长度，虽然此时上方两条线段的总长等于下方线段的长度，但是下方三条线段中任何一条线段的长度被修改后，这一关系都不再成立，如图 2-4 所示。

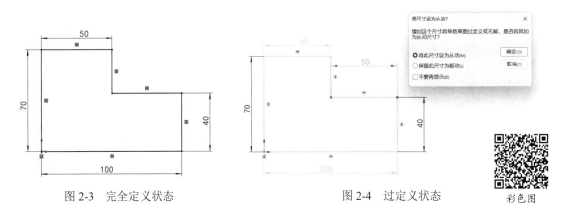

图 2-3　完全定义状态　　　　　　　　　图 2-4　过定义状态　　　　彩色图

### 2. 草图几何约束关系

在草图中定义草图实体的大小和位置有两种方式：尺寸标注和几何约束关系。使用这两种方式均可完成草图创建的设计意图。实际上，常常配合使用尺寸标注和几何约束关系完成草图的定义。常见的几何约束关系及其作用如表 2-1 所示。

表 2-1　常见的几何约束关系及其作用

| 图　标 | 名　　称 | 作　　用 |
|---|---|---|
| ─ | 水平 | 约束草图实体方向到坐标系 $X$ 轴 |
| │ | 竖直 | 约束草图实体方向到坐标系 $Y$ 轴 |
| 人 | 重合 | 约束草图实体上的点到其他草图实体上 |
| ⚓ | 固定 | 约束草图实体的大小和位置 |
| ⊥ | 垂直 | 约束两个草图实体相互垂直 |
| ╱ | 共线 | 约束两个草图实体共线 |
| ⌀ | 相切 | 约束两个草图实体相切 |
| ╲ | 平行 | 约束两个草图实体相互平行 |
| ＝ | 相等 | 约束两条线段的长度相等或两个圆弧的直径相等 |
| ◯ | 全等 | 约束两个圆或圆弧同心及半径相等 |
| ◎ | 同心 | 约束两个圆或圆弧同心 |
| ⬦ | 对称 | 约束两个草图实体相对于中心线对称 |

添加几何约束关系的方法如下。

（1）系统自动推理并添加几何约束关系：常用于【重合】几何约束关系、【水平】几何约束关系和【竖直】几何约束关系。

（2）手动添加几何约束关系：有多种方法，快速添加时常常使用属性管理器。

 任务步骤

### 1．新建零件

新建 SolidWorks 文件。双击 SolidWorks 应用程序，在打开的 SolidWorks 零件设计界面中单击【新建】按钮，打开【新建 SOLIDWORKS 文件】对话框，如图 2-5 所示。在【新建 SOLIDWORKS 文件】对话框中，先单击【零件】图标，再单击【确定】按钮，进入【零件】工作界面。

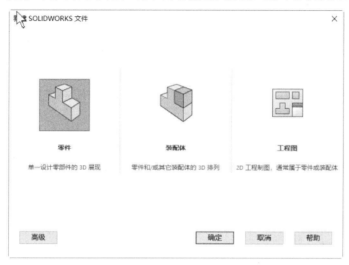

图 2-5　【新建 SOLIDWORKS 文件】对话框

### 2．选择草图基准面创建草图

确定草图绘制基准面。在 FeatureManager 设计树中，单击【前视基准面】，先在弹出的快捷工具栏中单击【草图绘制】按钮，再在【前视基准面】上打开一张草图。

### 3．使用草图实体绘制草图

此时已经由建模环境进入草图绘制环境，明显的标志为绘图窗口右上角出现了【草图确认角】（【保存并退出】图标和【不保存退出】图标），如图 2-6 所示。

> **提示：** 在 SolidWorks 中，草图绘制及建模使用的是同一个界面。绘制草图一定要在草图绘制环境下，不能在建模环境下。

（1）如图 2-7 所示，先单击命令管理器中的【草图】选项卡，再单击【直线】按钮，启动直线绘制功能。

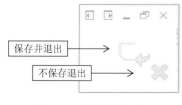

图 2-6　【草图确认角】

图 2-7　【草图】选项卡

**提示**：绘制直线有两种方式：一是采用"单击—单击"方式（先在起点处单击，再移动鼠标指针，最后在终点处单击），二是采用"起点—拖动"方式（在起点处按住鼠标左键并拖动到终点处松开）。采用这两种方式均可完成直线的绘制。直线的其他类型如图 2-8 所示。

（2）从坐标系原点开始绘制一条水平直线。在绘图窗口中，单击坐标系原点（系统会自动捕捉坐标系原点），将直线起点锁定在坐标系原点，如图 2-9 所示。

单击【直线】按钮旁边的下拉按钮，在弹出的下拉菜单中会显示更多可用的相关命令，此处除直线可用外，还可以使用中心线及中点线。

图 2-8　直线的其他类型

图 2-9　将直线起点锁定在坐标系原点

绘制第一条水平直线时需要注意鼠标指针旁边的符号 ━，该符号表示系统会自动为直线添加水平方向的约束。符号 ┃ 表示系统会自动为直线添加竖直方向的约束。

（3）继续绘制其他直线，直到最后草图完全闭合，结束直线绘制，如图 2-10 所示。

**提示 1**：在绘制直线时，无须在意其精确长度，软件会用尺寸约束其变化。其他草图实体也是一样的，只需要绘制大体轮廓即可。

**提示 2**：在绘制完竖直直线后应快速水平移动鼠标指针绘制水平直线，不要将鼠标指针在上一条直线的终点处乱动，这样容易启动切线弧功能。如果启动了切线弧功能，按 A 键就可以返回直线状态。

**提示 3**：【直线】命令可以不间断地一直绘制直线，直到闭合。如果需要断开，结束直线绘制，那么直接按 Esc 键即可。Esc 键用于取消当前命令，Enter 键用于重复执行上一条命令。

### 4．草图尺寸标注

（1）如图 2-11 所示，单击【智能尺寸】按钮，启动尺寸标注功能。

草图绘制—直线
（扫码看视频）

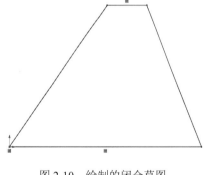

图 2-10　绘制的闭合草图

图 2-11　单击【智能尺寸】按钮

（2）按照先定全局后定局部的方式标注轮廓尺寸，如图 2-12 所示。SolidWorks 对新建草图轮廓标注的第一个尺寸有随尺寸比例缩放的功能，这样可以将整体轮廓实时缩放到目标轮廓周围。

（3）继续标注尺寸，将草图标注完整，达到完全约束状态，如图 2-13 所示。

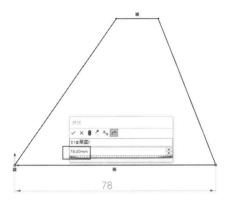

图 2-12　标注轮廓尺寸

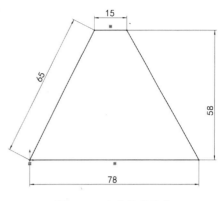

图 2-13　完全约束状态

（4）在草图绘制完成后，单击【草图确认角】中的【保存并退出】图标，退出草图绘制状态。

## 2.2　直线和角度

直线和角度的绘制案例如图 2-14 所示。

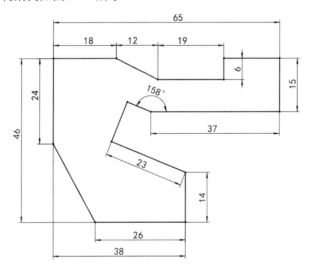

图 2-14　直线和角度的绘制案例

 设计思路

在绘制草图的过程中，三维草图和二维草图存在本质上的区别，三维草图强调"先整体后局部"，具有"大局观念"。在 SolidWorks 中，对新建草图标注的第一个尺寸有等比例实施缩放的效果。

 任务步骤

### 1．新建零件

新建 SolidWorks 文件。双击 SolidWorks 应用程序，在打开的 SolidWorks 零件设计界面中单击【新建】按钮 ，打开【新建 SOLIDWORKS 文件】对话框。在【新建 SOLIDWORKS 文件】对话框中，先单击【零件】图标，再单击【确定】按钮，进入【零件】工作界面。

**2．选择草图基准面创建草图**

确定草图绘制基准面。在 FeatureManager 设计树中，单击【前视基准面】，先在弹出的快捷工具栏中单击【草图绘制】按钮 ，再在【前视基准面】上打开一张草图。

**3．使用草图实体绘制草图**

此时已经由建模环境进入草图绘制环境，明显的标志为绘图窗口右上角出现了【草图确认角】。

（1）先单击命令管理器中的【草图】选项卡，再单击【直线】按钮，启动直线绘制功能。

（2）从坐标系原点开始绘制一条竖直直线。在绘图窗口中，单击坐标系原点（系统会自动捕捉坐标系原点），将直线起点锁定在坐标系原点，如图 2-15 所示。

（3）继续绘制其他直线，直到最后草图完全闭合，结束直线绘制，如图 2-16 所示。

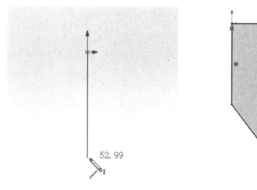

图 2-15　将直线起点锁定在坐标系原点　　　　图 2-16　绘制的闭合草图

**4．草图尺寸标注**

（1）如图 2-17 所示，单击【智能尺寸】按钮，启动尺寸标注功能。

（2）按照先定全局后定局部的方式标注轮廓尺寸，如图 2-18 所示。

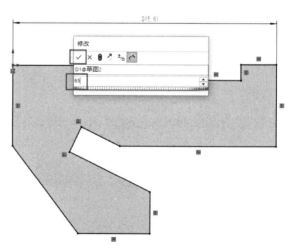

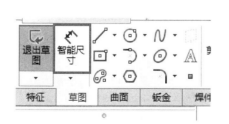

图 2-17　单击【智能尺寸】按钮　　　　图 2-18　标注轮廓尺寸

（3）继续标注尺寸，将草图标注完整。

**提示：** 在标注角度尺寸时，选择需要标注的两条线段即可，如图 2-19 所示。

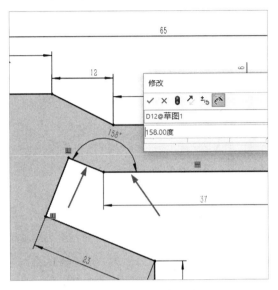

图 2-19　标注角度尺寸

草图绘制—直线
和角度
（扫码看视频）

（4）在草图绘制完成后，单击【草图确认角】中的【保存并退出】图标，退出草图绘制状态。

## 2.3　圆弧

圆弧绘制的第一个案例如图 2-20 所示。

 **任务步骤**

### 1．新建零件

新建 SolidWorks 文件。双击 SolidWorks 应用程序，在打开的 SolidWorks 零件设计界面中单击【新建】按钮，打开【新建 SOLIDWORKS 文件】对话框。在【新建 SOLIDWORKS 文件】对话框中，先单击【零件】图标，再单击【确定】按钮，进入【零件】工作界面。

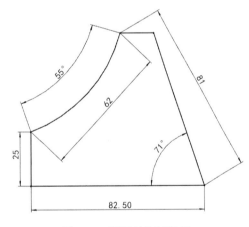

图 2-20　圆弧的绘制案例 1

### 2．选择草图基准面创建草图

确定草图绘制基准面。在 FeatureManager 设计树中，单击【前视基准面】，先在弹出的快捷工具栏中单击【草图绘制】按钮，再在【前视基准面】上打开一张草图。

### 3．使用草图实体绘制草图

（1）先单击命令管理器中的【草图】选项卡，再单击【直线】按钮，启动直线绘制功能。

（2）从坐标系原点开始绘制一条竖直直线。在绘图窗口中，单击坐标系原点（系统会自动捕捉坐标系原点），将直线起点锁定在坐标系原点。

（3）继续绘制其他直线，如图 2-21 所示，按 Esc 键取消当前命令。

（4）先单击命令管理器中的【草图】选项卡，再单击【圆弧】下拉按钮，在弹出的下拉菜单中选择【三点圆弧】命令。如图 2-22 所示，先单击端点①和端点②，再单击第三点③，控制圆弧的方向，完成闭合草图的绘制。

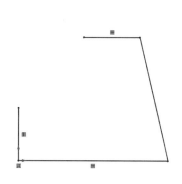

图 2-21　绘制其他直线

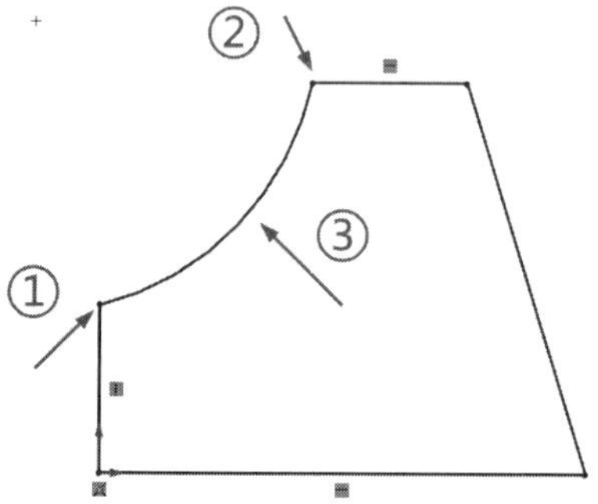

图 2-22　控制圆弧的方向

**提示**：三点圆弧的三点是指圆弧的起点、终点，以及控制圆弧弯曲方向的第三点。

### 4. 草图尺寸标注

（1）单击【智能尺寸】按钮，启动尺寸标注功能。

（2）按照先定全局后定局部的方式标注轮廓尺寸，如图 2-23 所示。

（3）继续标注尺寸，将草图标注完整，达到完全约束状态，如图 2-24 所示。

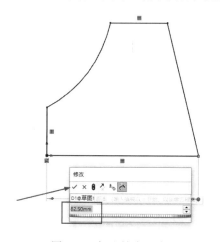

图 2-23　标注轮廓尺寸

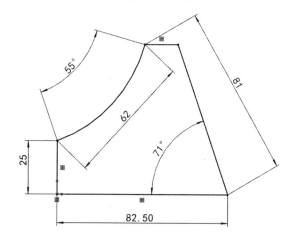

图 2-24　标注草图尺寸

**提示 1**：在标注角度尺寸时，选择需要标注的两条线段即可完成直线角度尺寸标注，如图 2-25 所示。

**提示 2**：在标注弧线角度尺寸时，选择需要标注的弧线的两个端点及圆心即可完成弧线角度尺寸标注；或者采用辅助线的方式，先将圆心和端点用中心线连接，形成夹角，再选择两条中心线标注角度尺寸。

（4）在草图绘制完成后，单击【草图确认角】中的【保存并退出】图标 ↳，退出草图绘制状态。

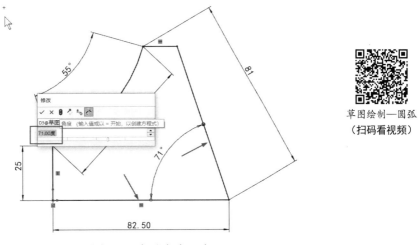

图 2-25　标注角度尺寸

草图绘制—圆弧
（扫码看视频）

## 2.4　圆

圆的绘制案例如图 2-26 所示。

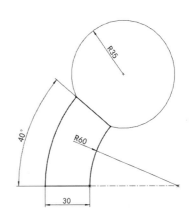

### 任务步骤

#### 1．新建零件

新建 SolidWorks 文件。双击 SolidWorks 应用程序，在打开的 SolidWorks 零件设计界面中单击【新建】按钮，打开【新建 SOLIDWORKS 文件】对话框。在【新建 SOLIDWORKS 文件】对话框中，先单击【零件】图标，再单击【确定】按钮，进入【零件】工作界面。

图 2-26　圆的绘制案例

#### 2．选择草图基准面创建草图

确定草图绘制基准面。在 FeatureManager 设计树中，单击【前视基准面】，先在弹出的快捷工具栏中单击【草图绘制】按钮，再在【前视基准面】上打开一张草图。

#### 3．使用草图实体绘制草图

（1）先单击命令管理器中的【草图】选项卡，再单击【圆】按钮，启动圆绘制功能，如图 2-27所示。

图 2-27　【草图】选项卡

（2）以坐标系原点为参考基准点，绘制两个同心圆，如图 2-28 所示。

（3）绘制其他直线，勾勒草图轮廓，结束直线绘制，如图 2-29 所示。

（4）单击【草图】选项卡中的【剪裁实体】按钮，在弹出的【剪裁】属性管理器中选择【强劲剪裁】选项，对草图上多余的线条进行剪裁，完成草图轮廓，如图 2-30 所示。

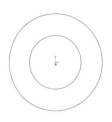

图 2-28　绘制两个同心圆

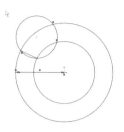

图 2-29　勾勒草图轮廓

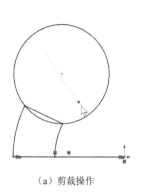

（a）剪裁操作

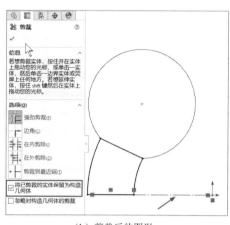

（b）剪裁后的图形

图 2-30　剪裁草图

**操作方法：**按住鼠标左键滑过草图，鼠标左键滑过的线条将全部删除。

**提示：**将已剪裁的实体保留为构造几何体，实线自动转换为中心线，如图 2-31 所示。

对草图进行尺寸标注，并添加几何约束关系。选中并单击草图上的斜直线，按住 Ctrl 键，继续选中红色坐标系原点，在【属性】属性管理器或弹出的快捷对话框中选择【重合】几何约束关系，如图 2-32 所示，使直线过坐标系原点。

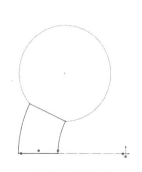

图 2-31　实线自动转换为中心线

图 2-32　选择【重合】几何约束关系

（5）单击【智能尺寸】按钮，启动尺寸标注功能。按照先定全局后定局部的方式标注轮廓尺寸，如图 2-33 所示。

（6）继续标注尺寸，将草图标注完整，达到完全约束状态，如图 2-34 所示。

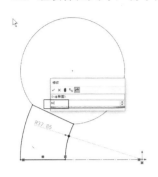

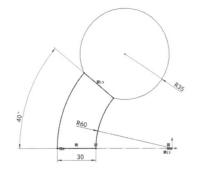

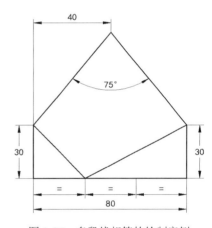

草图绘制—圆
（扫码看视频）

图 2-33　标注轮廓尺寸　　　　　　　图 2-34　标注草图尺寸

（7）在草图绘制完成后，单击【草图确认角】中的【保存并退出】图标，退出草图绘制状态。

## 2.5　多段线相等

多段线相等的绘制案例如图 2-35 所示。

 任务步骤

### 1．新建零件

新建 SolidWorks 文件。双击 SolidWorks 应用程序，在打开的 SolidWorks 零件设计界面中单击【新建】按钮，打开【新建 SOLIDWORKS 文件】对话框。在【新建 SOLIDWORKS 文件】对话框中，先单击【零件】图标，再单击【确定】按钮，进入【零件】工作界面。

图 2-35　多段线相等的绘制案例

### 2．选择草图基准面创建草图

确定草图绘制基准面。在 FeatureManager 设计树中，单击【前视基准面】，先在弹出的快捷工具栏中单击【草图绘制】按钮，再在【前视基准面】上打开一张草图。

### 3．使用草图实体绘制草图

（1）先单击命令管理器中的【草图】选项卡，再单击【直线】按钮，启动直线绘制功能。

（2）从坐标系原点开始绘制一条竖直直线。在绘图窗口中，单击坐标系原点（系统会自动捕捉坐标系原点），将直线起点锁定在坐标系原点。

（3）绘制其他直线，直至最后草图完全闭合，结束直线绘制，如图 2-36 所示。

提示：按照图纸，底部的一段水平直线可以分为 3 段绘制，按住 Ctrl 键选中 3 条线段，使用【相等】几何约束关系，使 3 条线段的长度相等且均分总长度 80。

（4）单击【智能尺寸】按钮，启动尺寸标注功能。按照先定全局后定局部的方式标注轮廓尺寸，如图 2-37 所示。

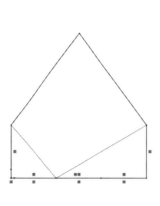

图 2-36　闭合草图

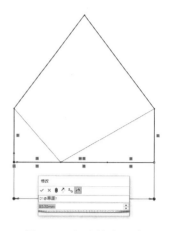

图 2-37　标注轮廓尺寸

（5）继续标注尺寸，将草图标注完整，达到完全约束状态，如图 2-38 所示。

**提示：**此三等分线段也可以使用四则运算来完成。如图 2-39 所示，SolidWorks 可以识别四则运算，因此可以用来快速构建草图尺寸，省略计算过程。

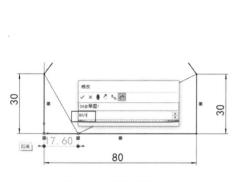

图 2-38　标注草图尺寸

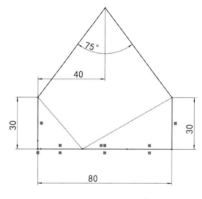

图 2-39　底部线段三等分

草图绘制—多段
线段相等
（扫码看视频）

（6）在草图绘制完成后，单击【草图确认角】中的【保存并退出】图标，退出草图绘制状态。

## 2.6　槽口和圆角

槽口和圆角绘制的第一个案例如图 2-40 所示。

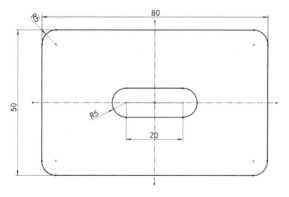

图 2-40　槽口和圆角的绘制案例 1

任务步骤

### 1．新建零件

新建 SolidWorks 文件。双击 SolidWorks 应用程序，在打开的 SolidWorks 零件设计界面中单击【新建】按钮 ，打开【新建 SOLIDWORKS 文件】对话框。在【新建 SOLIDWORKS 文件】对话框中，先单击【零件】图标，再单击【确定】按钮，进入【零件】工作界面。

### 2．选择草图基准面创建草图

确定草图绘制基准面。在 FeatureManager 设计树中，单击【前视基准面】，先在弹出的快捷工具栏中单击【草图绘制】按钮，再在【前视基准面】上打开一张草图。

### 3．使用草图实体绘制草图

（1）先单击命令管理器中的【草图】选项卡，再单击【矩形】按钮旁边的下拉按钮，在弹出的下拉菜单中选择【中心矩形】命令，如图 2-41 所示。

（2）以坐标系原点为起点绘制一个中心矩形。在绘图窗口中，单击坐标系原点（系统会自动捕捉坐标系原点），将中心矩形的起点锁定在坐标系原点，如图 2-42 所示。

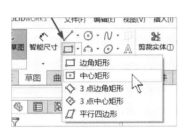 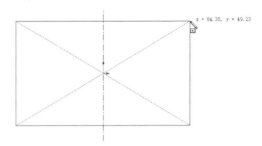

图 2-41　选择【中心矩形】命令　　　　图 2-42　将中心矩形的起点锁定在坐标系原点

（3）单击完成矩形的绘制，按 Esc 键取消当前命令，结束矩形的绘制。

（4）单击【槽口】按钮旁边的下拉按钮，在弹出的下拉菜单中选择【中心点直槽口】命令，启动槽口绘制功能，以坐标系原点为起点绘制一个中心点直槽口，如图 2-43 所示。

> **提示**：槽口分为直槽口、中心点直槽口、三点圆弧槽口和中心点圆弧槽口，用户可以根据设计需求自行选择。

（5）单击【智能尺寸】按钮，启动尺寸标注功能。

> **提示**：按照先定全局后定局部的方式标注轮廓尺寸，如图 2-44 所示。

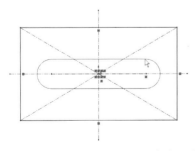 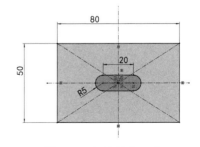

图 2-43　以坐标系原点为起点绘制一个中心点直槽口　　　　图 2-44　标注轮廓尺寸

（6）圆角处理及标注。单击【草图】选项卡中的【绘制圆角】按钮，在【绘制圆角】属性管理器中将【圆角参数】设置为【5.00mm】，并选择要圆角化的实体，如图 2-45 所示。

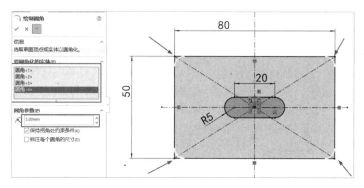

图 2-45　圆角处理及标注

**提示：** 在绘制的圆角中，选取圆角的方式是选择两条要进行圆角处理的边线或单击两条边线的交点。

（7）将草图标注完整，达到完全约束状态，如图 2-46 所示。

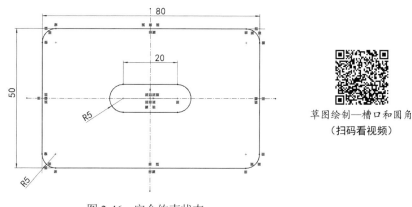

草图绘制—槽口和圆角
（扫码看视频）

图 2-46　完全约束状态

（8）在草图绘制完成后，单击【草图确认角】中的【保存并退出】图标，退出草图绘制状态。

## 2.7　弧形槽口和镜向

弧形槽口和镜向的绘制案例如图 2-47 所示。

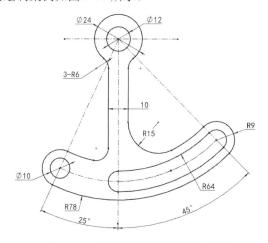

图 2-47　弧形槽口和镜向的绘制案例

任务步骤

### 1．新建零件

新建 SolidWorks 文件。双击 SolidWorks 应用程序，在打开的 SolidWorks 零件设计界面中单击【新建】按钮，打开【新建 SOLIDWORKS 文件】对话框。在【新建 SOLIDWORKS 文件】对话框中，先单击【零件】图标，再单击【确定】按钮，进入【零件】工作界面。

### 2．选择草图基准面创建草图

确定草图绘制基准面。在 FeatureManager 设计树中，单击【前视基准面】，先在弹出的快捷工具栏中单击【草图绘制】按钮，再在【前视基准面】上打开一张草图。

### 3．使用草图实体绘制草图

（1）先单击命令管理器中的【草图】选项卡，再单击【圆】按钮，启动圆绘制功能。

（2）以坐标系原点为起点绘制两个同心圆。在绘图窗口中，单击坐标系原点（系统会自动捕捉坐标系原点），将圆的起点锁定在坐标系原点，如图 2-48 所示。

（3）单击完成圆的绘制，按 Esc 键取消当前命令，结束圆的绘制。

（4）单击【槽口】按钮旁边的下拉按钮，在弹出的下拉菜单中选择【中心点圆弧槽口】命令，启动槽口绘制功能，以圆心为起点绘制第一个圆弧槽口，如图 2-49 所示。

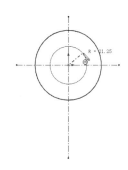

图 2-48　绘制同心圆

（5）以坐标系原点为起点绘制第二个圆弧槽口，槽口起点在第一个圆弧槽口的右圆弧中心点，结束点在竖直中心线位置，如图 2-50 所示。

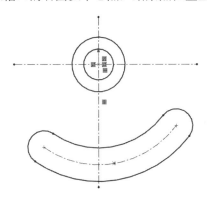

图 2-49　绘制第一个圆弧槽口

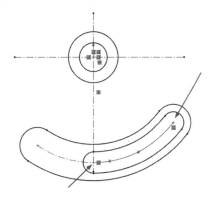

图 2-50　绘制第二个圆弧槽口

> **提示 1**：为了保证两个槽口能够完全约束，先单击第一个圆弧槽口，按住 Ctrl 键，再单击第二个圆弧槽口，为它们添加【同心】几何约束关系。
>
> **提示 2**：选中两个圆弧槽口，松开 Ctrl 键，但不要移动鼠标指针，鼠标指针的右上角会出现一个半隐半显的快捷工具栏，这时将鼠标指针移动到这个工具栏上，快捷工具栏才会完全显现，单击【同心】几何约束关系，如图 2-51 所示。

（6）单击【圆】按钮，在第一个圆弧槽口左侧圆弧处绘制圆，如图 2-52 所示。

（7）单击【直线】按钮，在竖直中心线左侧绘制一条从上方圆到下方弧线槽的竖直直线，如图 2-53 所示。

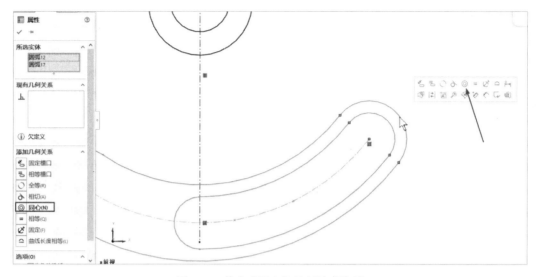

图 2-51    单击【同心】几何约束关系

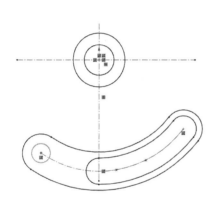

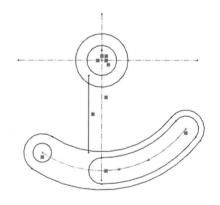

图 2-52    在第一个圆弧槽口左侧圆弧处绘制圆          图 2-53    绘制竖直直线

（8）单击【草图】选项卡中的【镜向实体】按钮，如图 2-54 所示，弹出【镜向】属性管理器。先单击【要镜向的实体】选项，选择左侧的竖直直线；再单击【镜向轴】选项，选择竖直中心线。单击【确定】按钮，完成镜向操作，草图的两条竖直直线上会出现【对称】几何约束关系，如图 2-55～图 2-57 所示。

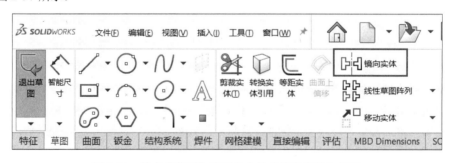

图 2-54    单击【草图】选项卡中的【镜向实体】按钮

（9）修剪草图。单击【剪裁实体】按钮，弹出【剪裁】属性管理器，选择【强劲剪裁】选项，将草图修剪为如图 2-58 所示的形状。

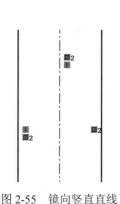

图 2-55  镜向竖直直线

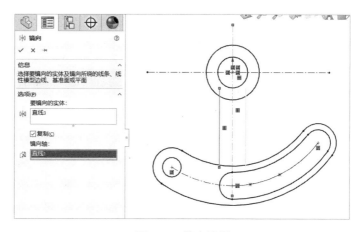

图 2-56  镜向设置

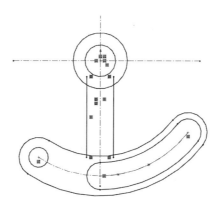

图 2-57  草图镜向

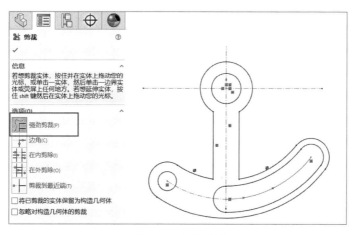

图 2-58  修剪草图

**提示 1**：使用【剪裁】属性管理器中的【强劲剪裁】选项可以完成所有剪裁工作。在使用【强劲剪裁】选项时，按住鼠标左键，鼠标指针滑过需要剪裁的草图实体，即可完成剪裁工作。

**提示 2**：在对圆弧槽口进行剪裁时，会显示如图 2-59 所示的提示信息。槽口实体被毁坏后就会显示此提示信息，单击【确定】按钮，重新为槽口的圆弧添加【相切】几何约束关系即可，如图 2-60 所示。

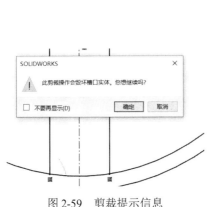

图 2-59　剪裁提示信息

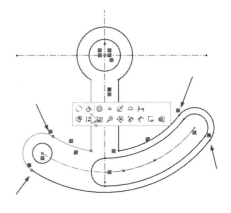

图 2-60　添加【相切】几何约束关系

（10）单击【智能尺寸】按钮，按照先定全局后定局部的方式标注草图的第一个尺寸，圆弧的外半径为 78mm，如图 2-61 所示，并为草图确定全局尺寸比例大小。

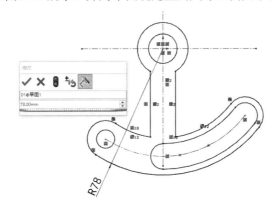

图 2-61　标注圆弧的外半径

（11）继续标注草图尺寸，完成尺寸标注。

（12）添加圆角标注。单击【圆角】按钮，完成草图圆角标注，使草图达到完全约束状态，如图 2-62 所示。

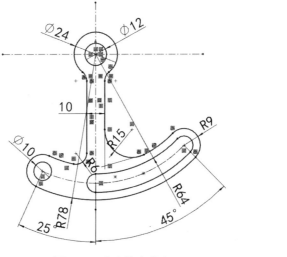

草图绘制—弧形
槽口和镜向
（扫码看视频）

图 2-62　完全约束状态

> **提示：**单击圆弧第一点、第二点后再单击圆心即可完成圆弧夹角标注。另外，采用辅助线方式，连接圆心和圆弧点形成中心线夹角，单击两条中心线也可以进行角度标注。

（13）在草图绘制完成后，单击【草图确认角】中的【保存并退出】图标 ，退出草图绘制状态。

## 2.8　槽口和圆角的使用进阶

槽口和圆角绘制的第二个案例如图 2-63 所示。

 **任务步骤**

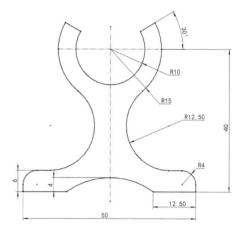

图 2-63　槽口和圆角的绘制案例 2

### 1．新建零件

新建 SolidWorks 文件。双击 SolidWorks 应用程序，在打开的 SolidWorks 零件设计界面中单击【新建】按钮 ，打开【新建 SOLIDWORKS 文件】对话框。在【新建 SOLIDWORKS 文件】对话框中，先单击【零件】图标，再单击【确定】按钮，进入【零件】工作界面。

### 2．选择草图基准面创建草图

确定草图绘制基准面。在 FeatureManager 设计树中，单击【前视基准面】，先在弹出的快捷工具栏中单击【草图绘制】按钮，再在【前视基准面】上打开一张草图。

### 3．使用草图实体绘制草图

（1）先单击命令管理器中的【草图】选项卡，再单击【直线】按钮旁边的下拉按钮，在弹出的下拉菜单中选择【中心线】命令，启动中心线绘制功能。

（2）以坐标系原点为起点绘制通过坐标系原点的水平中心线与竖直中心线。在绘图窗口中，单击坐标系原点（系统会自动捕捉坐标系原点），将两条中心线锁定在坐标系原点，在上方再绘制一条与水平中心线平行的中心线，如图 2-64 所示。

> **提示：**在绘制中心线时，当鼠标笔碰到原点后，将鼠标笔移动到坐标系原点上方，当出现蓝色虚线时，按住鼠标左键，由上到下绘制的直线才是通过坐标系原点的直线，如图 2-65 所示。按照此方法绘制另一条水平中心线。

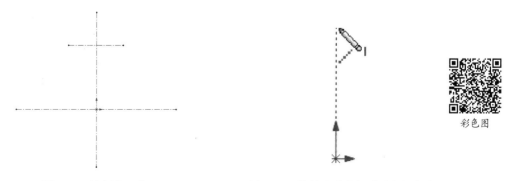

彩色图

图 2-64　绘制中心线　　　　　　　　图 2-65　绘制通过坐标系原点的直线

（3）先单击命令管理器中的【草图】选项卡，再单击【圆】按钮，启动圆绘制功能，在上面中心线交叉点的位置绘制两个同心圆，如图 2-66 所示。

（4）先单击命令管理器中的【草图】选项卡，再单击【圆弧】按钮旁边的下拉按钮，在弹出的下拉菜单中选择【三点圆弧】命令，启动三点圆弧绘制功能。如图 2-67 所示，先单击①和②两个位置，再在右下方向单击位置③，控制圆弧的方向，完成草图绘制。

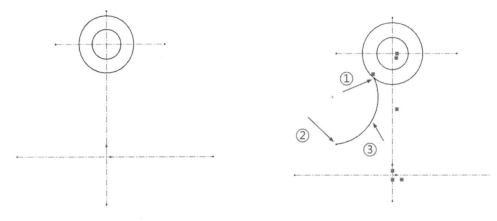

图 2-66　绘制两个同心圆　　　　　　　　　图 2-67　控制圆弧的方向

（5）先单击命令管理器中的【草图】选项卡，再单击【直线】按钮，启动直线绘制功能。单击图 2-67 中圆弧的位置②作为直线的起点，绘制直线，如图 2-68 所示。

**提示：** 如果要绘制水平、竖直或和某个方向平行的直线，那么在单击直线后，用鼠标笔碰一下相对的那条直线就会出现黄色的辅助提示线，这样可以找到正确的方向，此时将鼠标笔移动到黄色的辅助提示线上即可，如图 2-69 所示。

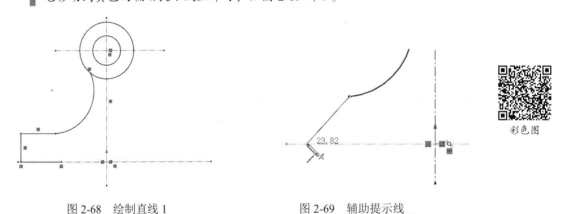

彩色图

图 2-68　绘制直线 1　　　　　　　　　图 2-69　辅助提示线

（6）单击【草图】选项卡中的【镜向实体】按钮，激活并设置【要镜向的实体】选项，选中图 2-70 中①所指的线条，激活【镜向轴】选项，选中图 2-70 中②所指的中心线作为对称轴，单击【确定】按钮完成镜向操作。

（7）单击【圆弧】按钮旁边的下拉按钮，在弹出的下拉菜单中选择【三点圆弧】命令，启动三点圆弧绘制功能，绘制如图 2-71 所示的圆弧。

（8）在上面同心圆的位置使用【直线】命令和【镜向实体】命令，绘制如图 2-72 所示的直线。

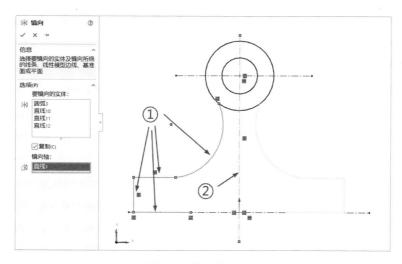

图 2-70  执行镜向操作

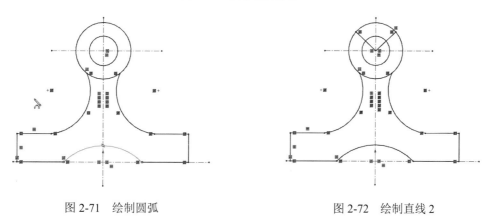

图 2-71  绘制圆弧                                   图 2-72  绘制直线 2

（9）修剪草图。单击【剪裁实体】按钮，在弹出的【剪裁】属性管理器中选择【强劲剪裁】选项，将草图修剪为如图 2-73 所示的形状。

**提示**：勾选【将已剪裁的实体保留为构造几何体】复选框，如图 2-74 所示，将实线自动转换为中心线。

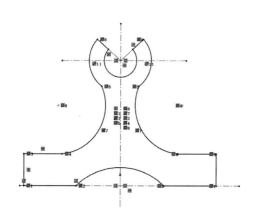

图 2-73  剪裁草图                     图 2-74  勾选【将已剪裁的实体保留为构造几何体】复选框

（10）按住 Ctrl 键，单击如图 2-75 所示的两段圆弧，添加【相切】几何约束关系。

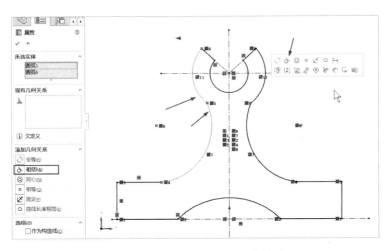

图 2-75　添加【相切】几何约束关系 1

（11）按住 Ctrl 键，单击如图 2-76 所示的两段圆弧，添加【相切】几何约束关系。

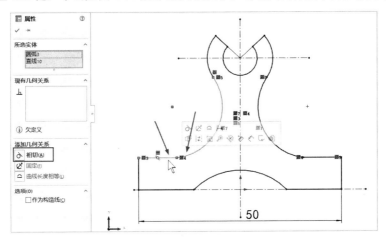

图 2-76　添加【相切】几何约束关系 2

（12）单击【智能尺寸】按钮，启动尺寸标注功能。

**提示：** 按照先定全局后定局部的方式标注轮廓尺寸，如图 2-77 所示。

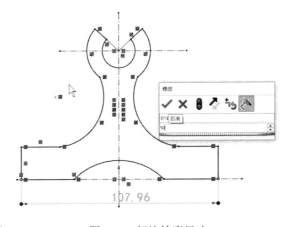

图 2-77　标注轮廓尺寸

（13）圆角处理。单击【草图】选项卡中的【圆角】按钮，弹出【绘制圆角】属性管理器。在【绘制圆角】属性管理器中，将【圆角参数】设置为【4.00mm】，并选择要圆角化的实体，如图 2-78 所示。

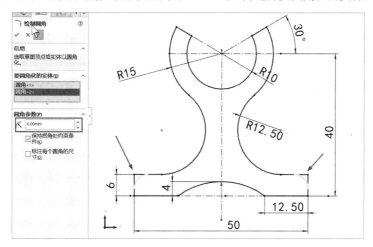

图 2-78　圆角处理

（14）将草图标注完整，达到完全约束状态，如图 2-79 所示。

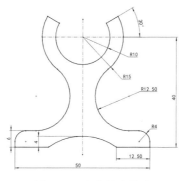

图 2-79　完全约束状态

圆弧和镜向的使用
（扫码看视频）

（15）在草图绘制完成后，单击【草图确认角】中的【保存并退出】图标，退出草图绘制状态。

## 2.9　圆弧的使用进阶

圆弧绘制的第二个案例如图 2-80 所示。

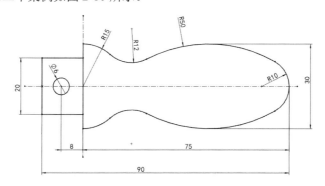

图 2-80　圆弧的绘制案例 2

设计思路

图 2-80 所示为手柄图纸。手柄上下关于中心线对称，并且把手部分和左侧圆柱部分并没有连续的关联性，所以在选取原点时取图纸上所标示的位置为此图的原点，作为起始位置进行草图绘制。

任务步骤

### 1. 新建零件

新建 SolidWorks 文件。双击 SolidWorks 应用程序，在打开的 SolidWorks 零件设计界面中单击【新建】按钮，打开【新建 SOLIDWORKS 文件】对话框。在【新建 SOLIDWORKS 文件】对话框中，先单击【零件】图标，再单击【确定】按钮，进入【零件】工作界面。

### 2. 选择草图基准面创建草图

确定草图绘制基准面。在 FeatureManager 设计树中，单击【前视基准面】，先在弹出的快捷工具栏中单击【草图绘制】按钮，再在【前视基准面】上打开一张草图。

### 3. 使用草图实体绘制草图

（1）先单击命令管理器中的【草图】选项卡，再单击【直线】按钮旁边的下拉按钮，在弹出的下拉菜单中选择【中心线】命令，启动中心线绘制功能。

（2）以坐标系原点为起点绘制通过坐标系原点的水平中心线与竖直中心线。在绘图窗口中，单击坐标系原点（系统会自动捕捉坐标系原点），将两条中心线锁定在坐标系原点，如图 2-81 所示。

> **提示：** 在绘制竖直中心线时，鼠标笔碰一下原点后，将鼠标笔移动到坐标系原点上方，当出现蓝色虚线时，按住鼠标左键，从上方向下绘制的直线才是通过坐标系原点的直线，如图 2-82 所示。采用此方法绘制水平中心线。

彩色图

图 2-81　将两条中心线锁定在坐标系原点　　　　图 2-82　过坐标系原点的竖直中心线

（3）单击【直线】按钮，以坐标系原点为起点向上绘制一条直线，单击完成直线绘制，此时不要按 Esc 键取消命令，将鼠标笔移动到直线的结束点上，使鼠标笔和结束点重合，如图 2-83（a）所示。使用鼠标笔绘制圆弧，在如图 2-83（b）所示的位置单击结束此段圆弧。同时，继续将鼠标笔放到此圆弧的结束点上，鼠标笔的右下角出现同心符号后，如图 2-83（c）所示，继续按照先右下后右上的趋势向外拖出切线圆弧，如图 2-83（d）所示，完成第二段圆弧的绘制。重复此操作完成第三段圆弧的绘制，如图 2-83（e）所示。继续重复上述操作，完成第四段圆弧的绘制。需要注意的是，将第四段圆弧在如图 2-83（f）所示的位置结束。

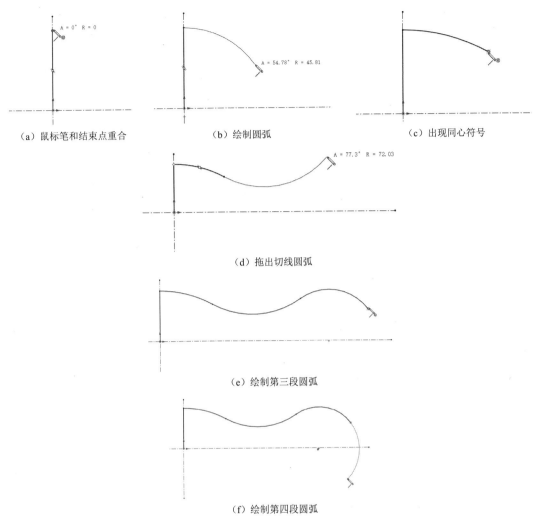

（a）鼠标笔和结束点重合　　　　　　（b）绘制圆弧　　　　　　　　（c）出现同心符号

（d）拖出切线圆弧

（e）绘制第三段圆弧

（f）绘制第四段圆弧

图 2-83　绘制分段圆弧

（4）单击第四段圆弧的起点，按住 Ctrl 键继续单击圆弧的终点及中心线，松开 Ctrl 键，为圆弧添加【对称】几何约束关系，保证此段圆弧关于中心线上下对称且整段圆弧是光滑过渡的，如图 2-84 所示。

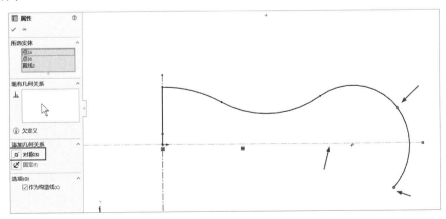

图 2-84　添加【对称】几何约束关系

▌**提示**：如果绘制的圆弧不是想要的，那么按 A 键即可将圆弧切换为直线。

（5）单击【草图】选项卡中的【镜向实体】按钮，激活【要镜向的实体】选项，选中图 2-85 中①所指的线；激活【镜向轴】选项，选中图 2-85 中②所指的中心线作为对称轴，单击【确定】按钮，完成镜向操作，如图 2-86 所示。

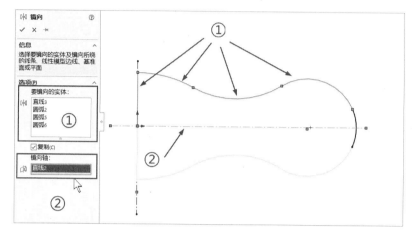

图 2-85　【镜向】属性管理器

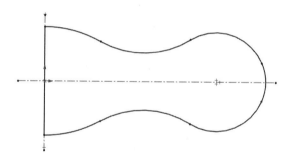

图 2-86　完成镜向操作后的草图

▌**提示**：可以先按住 Ctrl 键选中要镜向的多条线条，再单击【镜向实体】按钮，这样能将选择的线条直接添加到【要镜向的实体】选项中。

（6）绘制左侧的草图。使用【直线】命令、【圆】命令和【镜向实体】命令将左侧部分绘制完整，如图 2-87 所示。

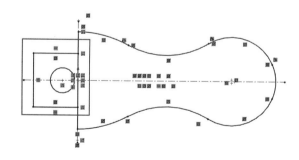

图 2-87　绘制左侧的草图

（7）单击【智能尺寸】按钮，启动尺寸标注功能。按照先定全局后定局部的方式标注轮廓尺寸，如图 2-88 所示。

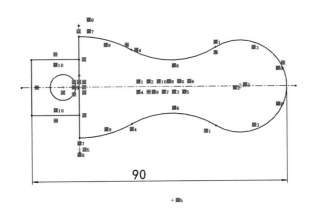

图 2-88　标注轮廓尺寸

继续标注尺寸，将草图标注完整，达到完全约束状态，如图 2-89 所示。

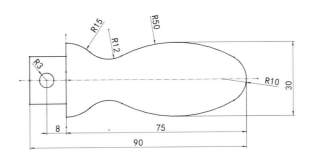

图 2-89　完全约束状态

**提示：** 在标注圆弧的间距尺寸时，需要按住 Shift 键。如果是直线到圆弧或圆的最大距离、最小距离，那么先单击直线再按住 Shift 键选择圆弧或圆即可。如果圆弧或圆在前面，那么先按住 Shift 键选中圆弧或圆的最高点或最低点，再单击直线即可。如果都是圆弧或圆，那么按住 Shift 键，选择圆弧或圆的位置直接标注即可。如果不按住 Shift 键，那么标注出来的就是直线到圆弧中心或圆心的距离或圆弧到圆弧的中心距。

（8）在草图绘制完成后，单击【草图确认角】中的【保存并退出】图标 ↳，退出草图绘制状态。

圆弧的使用
（扫码看视频）

# 第 3 章　零件建模

SolidWorks 的零件设计是基于特征的建模方式。在进行零件建模时，将零件拆分成易于理解的简单几何体特征（如凸台、孔、筋等），按照一定的建模顺序和建模方法将不同的特征进行组合，最终完成零件设计。

本章通过典型零件案例介绍零件建模，以及 SolidWorks 中的建模特征命令与建模方法。

本章的内容主要包括以下几点：草图绘制方法、几何约束关系、尺寸标注；螺旋线、投影曲线和组合曲线的绘制方法；拉伸、旋转、扫描、放样、倒角、抽壳和镜向等特征命令。通过学习本章，读者可以加深对设计意图应用的理解与掌握。

## 3.1　座类零件的建模

 设计思路

座类零件三视图如图 3-1 所示。该零件为上下结构，建模时应先做底座，再做上部结构，采用先整体后局部的方式。通过拉伸和拉伸切除可以完成零件的基本模型。考虑到模型两侧有用于结构加强的加强筋，因此使用【筋】命令和【镜向】命令完成模型创建。

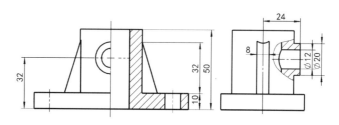

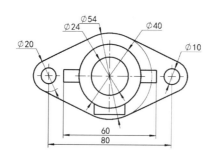

图 3-1　座类零件三视图

 任务步骤

### 1．新建零件

新建 SolidWorks 文件。双击 SolidWorks 应用程序，在打开的 SolidWorks 零件设计界面中单击【新建】按钮 📄，打开【新建 SOLIDWORKS 文件】对话框。在【新建 SOLIDWORKS 文件】对话框中，先单击【零件】图标，再单击【确定】按钮，进入【零件】工作界面。

### 2．选择草图基准面创建草图

确定草图绘制基准面。在 FeatureManager 设计树中，单击【上视基准面】，先在弹出的快捷工具栏中单击【草图绘制】按钮 🖉（见图 3-2），再在【上视基准面】上打开一张草图。

### 3．绘制草图

（1）先单击命令管理器中的【草图】选项卡，再单击【直线】按钮旁边的下拉按钮，在弹出的下拉菜单中选择【中心线】命令，启动中心线绘制功能。

图 3-2　单击【草图绘制】按钮

（2）以坐标系原点为起点绘制通过坐标系原点的水平中心线与竖直中心线。在绘图窗口中，单击坐标系原点（系统会自动捕捉坐标系原点），将两条中心线锁定在坐标系原点，如图 3-3 所示。

> **提示：** 在绘制中心线时，当鼠标笔碰一下坐标系原点后，将鼠标笔移动到坐标系原点上方，当出现蓝色的虚线时，按住鼠标左键，从上到下绘制的直线才是通过坐标系原点的直线，如图 3-4 所示。按照此方法绘制另一条水平中心线。

图 3-3　将两条中心线锁定在坐标系原点　　　　图 3-4　通过坐标系原点绘制的直线

（3）单击【草图】选项卡中的【圆】按钮，启动圆绘制功能，先以两条中心线相交的坐标系原点为中心绘制大圆，再在左侧绘制小圆，如图 3-5 所示。

（4）单击【直线】按钮 🖉，绘制一条如图 3-6 所示的直线。

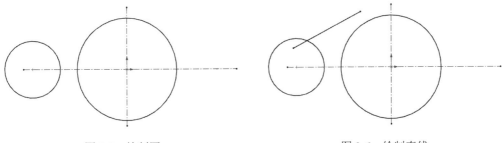

图 3-5　绘制圆　　　　　　　　　　图 3-6　绘制直线

（5）单击直线的左端点，按住 Ctrl 键单击小圆，松开 Ctrl 键，在快捷工具栏中单击【重合】几何约束关系，为直线和圆弧添加【重合】几何约束关系，如图 3-7 所示。

（6）按住 Ctrl 键单击直线的右端点和大圆，为大圆和直线也添加【重合】几何约束关系，如图 3-8 所示。

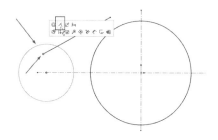

图 3-7　添加【重合】几何约束关系 1

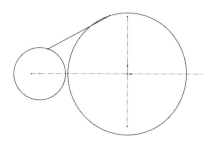

图 3-8　添加【重合】几何约束关系 2

**提示：** 直接绘制圆的切线不容易找到切点的位置，所以可以先绘制直线，使用配合关系的【重合】使直线和圆弧重合，再使用【相切】添加圆和直线的相切关系。

（7）单击小圆旁边的直线，按住 Ctrl 键继续单击小圆，为直线和小圆添加【相切】几何约束关系，如图 3-9 所示。

（8）按住 Ctrl 键单击大圆旁边的直线和大圆，为直线和大圆添加【相切】几何约束关系，如图 3-10 所示。

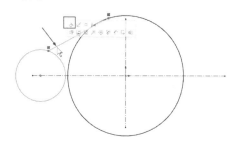

图 3-9　添加【相切】几何约束关系 1

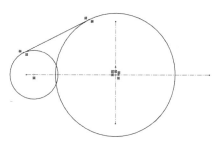

图 3-10　添加【相切】几何约束关系 2

（9）单击【草图】选项卡中的【镜向实体】按钮 ，打开【镜向】属性管理器。在该属性管理器中，激活【要镜向的实体】选项，选中图 3-11 中①所指的直线；激活【镜向轴】选项，选中图 3-11 中②所指的中心线作为对称轴。单击【确定】按钮，完成镜向操作。

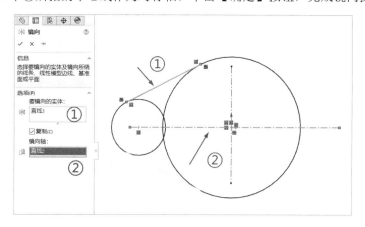

图 3-11　镜向切线操作

（10）单击【草图】选项卡中的【镜向实体】按钮 ，打开【镜向】属性管理器。在该属性管理器中，激活【要镜向的实体】选项，选中图 3-12 中①所指的线条；激活【镜向轴】选项，选中图 3-12 中②所指的中心线作为对称轴。单击【确定】按钮，完成镜向操作，如图 3-13 所示。

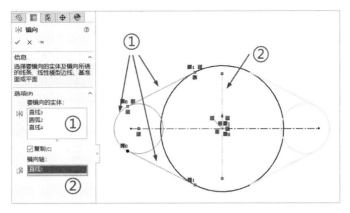

图 3-12　镜向实体操作

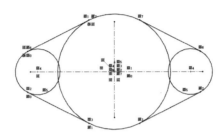

图 3-13　镜向实体完成图

（11）修剪草图。单击【剪裁实体】按钮 ，在弹出的【剪裁】属性管理器中选择【强劲剪裁】选项，将草图修剪为如图 3-14 所示的形状，单击【确定】按钮，完成底座草图轮廓的绘制。

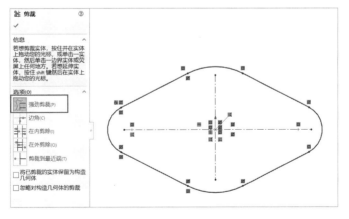

图 3-14　底座草图轮廓

**提示**：图 3-14 中大圆弧和直线的【相切】几何约束关系如果丢失，就会造成标注完尺寸后草图无法完全定义。可以重新为圆弧和直线添加【相切】几何约束关系，或者在完全定义草图尺寸后对实体进行剪裁。

**4．草图标注**

（1）单击【智能尺寸】按钮 ，启动尺寸标注功能。

**提示**：按照先定全局后定局部的方式标注轮廓尺寸，如图 3-15 所示。

（2）标注尺寸，将草图标注完整，达到完全约束状态，如图 3-16 所示。

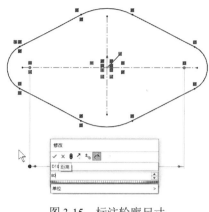

图 3-15　标注轮廓尺寸

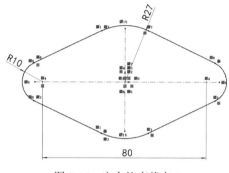

图 3-16　完全约束状态 1

（3）在草图绘制完成后，单击【草图确认角】中的【保存并退出】图标 ，退出草图绘制状态。

### 5. 拉伸底座

选中 FeatureManager 设计树中的【草图 1】（见图 3-17），单击【特征】选项卡中的【拉伸凸台/基体】按钮（见图 3-18），弹出【凸台-拉伸】属性管理器，将【给定深度】设置为 10mm（见图 3-19），设置完成后单击【确定】按钮 。生成的零件底座如图 3-20 所示。

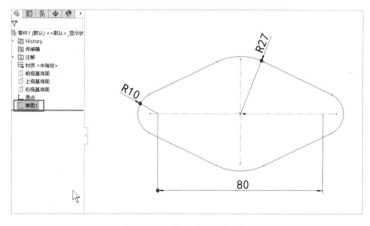

图 3-17　选中【草图 1】

图 3-18　单击【拉伸凸台/
基体】按钮

图 3-19　设置【给定深度】1

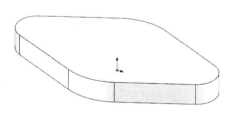

图 3-20　生成的零件底座

## 6．拉伸生成直径为 40mm 且高度为 50mm 的圆柱

（1）确定草图绘制平面。选择底座基体的下表面为草图平面，按住鼠标中键将模型旋转到合适的角度，先单击下底面，再单击【草图绘制】按钮 　 ，进入草图绘制界面，如图 3-21 所示。

（2）绘制直径为 40mm 且高度为 50mm 的圆柱。单击【草图】选项卡中的【圆】按钮 ⊙· ，以坐标系原点为圆心绘制一个圆，并单击【智能尺寸】按钮 　 标注尺寸，使其达到完全定义状态，如图 3-22 所示。单击【草图确认角】中的【保存并退出】图标 　 ，退出草图绘制状态。

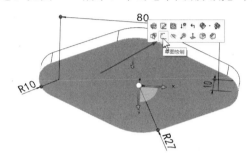

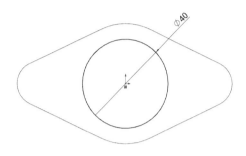

图 3-21　确定草图绘制平面　　　　　　　　　　图 3-22　完全定义状态 1

（3）选中 FeatureManager 设计树中的【草图 2】，单击【特征】选项卡中的【拉伸凸台/基体】按钮 　 ，弹出【凸台-拉伸】属性管理器。将【给定深度】设置为 50mm，如图 3-23 所示，设置完成后单击【确定】按钮 ✓ 。生成的圆柱实体如图 3-24 所示。

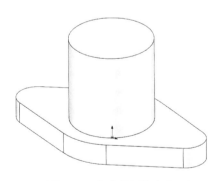

图 3-23　设置【给定深度】2　　　　　　　　　图 3-24　生成的圆柱实体

## 7．生成上方直径为 20mm 且高度为 24mm 的圆柱

（1）确定草图绘制平面。选中【前视基准面】新建草图，进入草图绘制平面。

（2）绘制中心线。单击【草图】选项卡中【直线】按钮旁边的下拉按钮，在弹出的下拉菜单中选择【中心线】命令 　 中心线(N) ，过坐标系原点绘制一条竖直中心线。

（3）绘制圆。单击【草图】选项卡中的【圆】按钮 ⊙· ，在竖直中心线上绘制一个圆。

（4）标注尺寸。单击【智能尺寸】按钮 　 ，标注圆的直径为 20mm，标注圆的高度为 32mm，并且使其达到完全定义状态，如图 3-25 所示。在草图绘制完成后，单击【草图确认角】中的【保存并退出】图标 　 ，退出草图绘制状态。

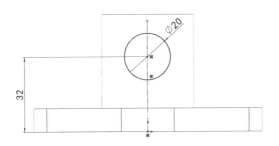

图 3-25　完全定义状态 2

> **提示：** 尺寸分为定形尺寸和定位尺寸。在图 3-25 中，"32"为定位尺寸，"20"为定形尺寸。
> **定位尺寸：** 确定图形位置关系的尺寸。
> **定形尺寸：** 确定图形形状大小的尺寸。

（5）生成实体。选中 FeatureManager 设计树中的【草图 3】，单击【特征】选项卡中的【拉伸凸台/基体】按钮 🗇，弹出【凸台-拉伸】属性管理器，将【给定深度】设置为 24mm，如图 3-26 所示，设置完成后单击【确定】按钮 ✓。凸台拉伸后生成的实体如图 3-27 所示。

图 3-26　设置【给定深度】3

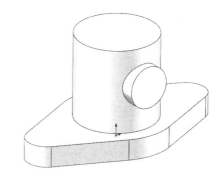

图 3-27　凸台拉伸后生成的实体

### 8．拉伸切除生成直径为 24mm 的上下通孔

（1）确定草图绘制平面。选择零件直径为 40mm 的圆柱的上平面作为草图绘制平面，新建草图，进入草图绘制界面。

（2）绘制中心线。单击【草图】选项卡中【直线】按钮旁边的下拉按钮，在弹出的下拉菜单中选择【中心线】命令 ⟋ 中心线(N)，过坐标系原点绘制一条竖直中心线。

（3）绘制圆。单击【草图】选项卡中的【圆】按钮 ⊙·，以坐标系原点为圆心绘制一个圆，并单击【智能尺寸】按钮 ✷，标注直径尺寸为 24mm，使其达到完全定义状态，如图 3-28 所示。

（4）拉伸切除生成直径为 24mm 的圆柱孔。单击【特征】选项卡中的【拉伸切除】按钮 🗐，弹出【切除-拉伸】属性管理器，使用给定条件【完全贯穿】，如图 3-29 所示，之后单击【确定】按钮 ✓。圆柱孔拉伸切除后生成的实体如图 3-30 所示。

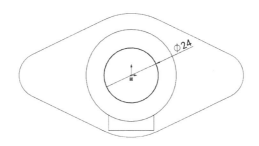

图 3-28　完全定义状态

图 3-29　设置圆柱孔拉伸切除属性

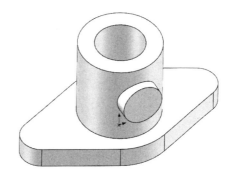

图 3-30　圆柱孔拉伸切除后生成的实体

### 9．拉伸切除生成直径为 12mm 的圆柱孔

（1）确定草图绘制平面。将【前视基准面】作为草图绘制平面，新建草图，进入草图绘制平面。

（2）绘制圆。单击【草图】选项卡中的【圆】按钮 ⊙ ˙ ，绘制同心圆，并单击【智能尺寸】按钮 🖋 ，标注直径尺寸，使其达到完全定义状态，如图 3-31 所示。

> **提示**：在寻找圆心时，单击【草图】选项卡中的【圆】按钮，用鼠标笔触碰一下圆柱的边线，待出现圆心后，如图 3-32 所示，单击圆心即可完成同心圆的定义，并添加【同心】几何约束关系。

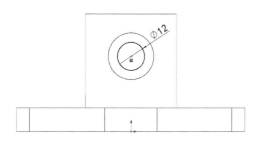

图 3-31　凸台圆孔草图

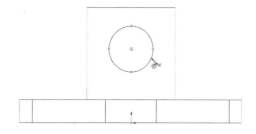

图 3-32　确定圆心

（3）拉伸切除生成直径为 12mm 的圆柱孔。单击【特征】选项卡中的【拉伸切除】按钮 📄 ，弹出【切除-拉伸】属性管理器，使用给定条件【完全贯穿】，如图 3-33 所示，之后单击【确定】按钮 ✔ 。凸台圆柱孔拉伸切除后生成的实体如图 3-34 所示。

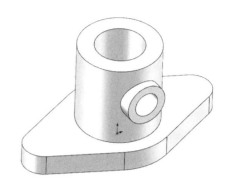

图 3-33　设置凸台圆柱孔拉伸切除属性　　　图 3-34　凸台圆柱孔拉伸切除后生成的实体

### 10．生成筋特征

（1）确定草图绘制平面。将【前视基准面】作为草图绘制平面，新建草图，进入草图绘制平面。

（2）绘制中心线。单击【草图】选项卡中【直线】按钮旁边的下拉按钮，在弹出的下拉菜单中选择【中心线】命令，过坐标系原点绘制一条竖直中心线。

（3）绘制筋的轮廓线。单击【草图】选项卡中的【直线】按钮，绘制如图 3-35 所示的直线作为筋的轮廓线，并标注尺寸，使其完全定义。

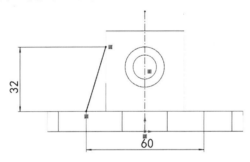

图 3-35　筋的轮廓线

（4）生成筋特征。单击【特征】选项卡中的【筋】按钮 ，弹出【筋 1】属性管理器，设置筋的厚度为 8mm，两侧对称，反转材料方向为向内，如图 3-36（a）所示，预览效果如图 3-36（b）所示。设置完成后单击【确定】按钮 ，筋特征完成图如图 3-37 所示。

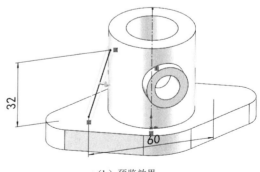

（a）【筋 1】属性管理器　　　　　　　　　　　（b）预览效果

图 3-36　筋的设置及预览

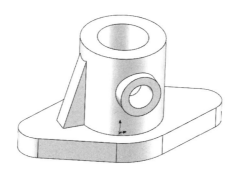

图 3-37　筋特征完成图

### 11．镜向筋特征

单击【特征】选项卡中的【镜向】按钮 ，弹出【镜向】属性管理器，设置镜向面和镜向特征，如图 3-38 所示，设置完成后单击【确定】按钮 。镜向筋特征完成图如图 3-39 所示。

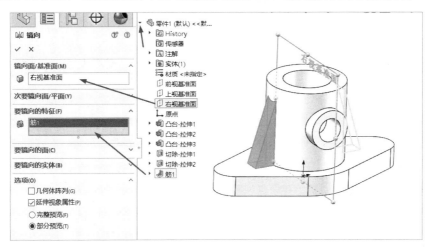

图 3-38　设置镜向面和镜向特征

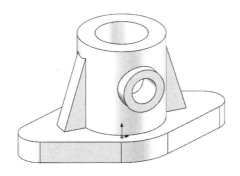

图 3-39　镜向筋特征完成图

### 12．绘制特征——底座两侧直径为 10mm 的圆柱孔

（1）确定草图绘制平面。选择底座上平面为草图绘制平面（如图 3-40 所示），新建草图，进入草图绘制平面。

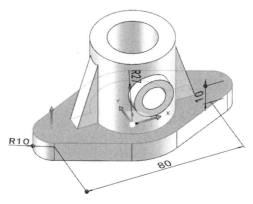

图 3-40　确定草图绘制平面

（2）绘制圆。单击【草图】选项卡中的【圆】按钮 ⊙·，选中侧边圆弧的圆心绘制一个圆，在另一侧采用同样的方法也绘制一个圆，按住 Ctrl 键选中这两个圆，添加【相等】几何约束关系。单击【智能尺寸】按钮 ，标注直径尺寸，使其达到完全定义状态，如图 3-41 所示。

　**提示**：在寻找圆心时，当单击【圆】按钮后，用鼠标笔触碰一下外圆弧的边线，待出现圆心后，如图 3-42 所示，单击圆心即可完成同心圆的定义，添加【同心】几何约束关系。

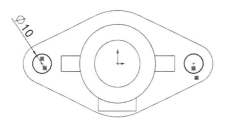

图 3-41　在底座上绘制圆及完全约束

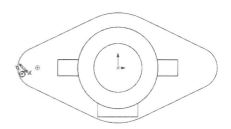

图 3-42　确定同心圆圆心

（3）拉伸切除生成直径为 10mm 的圆柱孔。单击【特征】选项卡中的【拉伸切除】按钮 ，弹出【切除-拉伸】属性管理器，使用的给定条件为【完全贯穿】，如图 3-43 所示，设置完成后单击【确定】按钮 ✓ 。模型完成图如图 3-44 所示。

图 3-43　设置底座圆柱孔拉伸切除属性

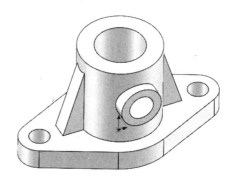

图 3-44　模型完成图

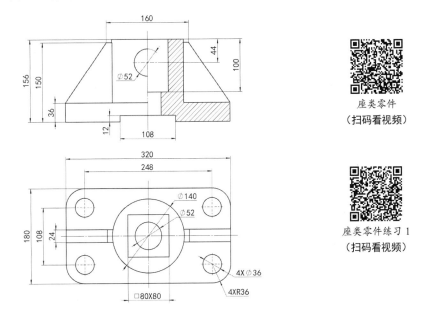

### 练习

座类零件练习图如图 3-45 所示。

座类零件
（扫码看视频）

座类零件练习 1
（扫码看视频）

图 3-45　座类零件练习图

> **提示**：筋的轮廓可以采用单一直线造型，也可以采用不同线条组合起来的造型；筋在做草图时，勾勒出外轮廓造型即可，不必封闭草图轮廓。另外，筋的成形方向是朝着怀抱内的，即有能停止筋成形方向的特征作为筋结束的条件。

## 3.2　回转体类零件的建模一

### 设计思路

回转体类零件的第一个案例如图 3-46 所示。

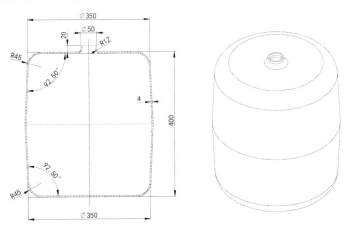

图 3-46　回转体类零件案例 1

对零件图进行分析，发现该零件为回转体类零件，建模时需要考虑以下几点。

（1）做出模型的一半轮廓，以轮廓中心为旋转轴旋转 360°完成模型实体的创建。

（2）由于模型是均匀壁厚的壳体，按照壁厚绘制草图过于烦琐，因此可以先做实体，再通过抽壳完成壁厚操作。

（3）虽然零件轮廓中有圆角，但建模时采用先整体后局部的方式，即先创建没有圆角的实体模型，再单击【特征】选项卡中的【倒圆角】按钮执行倒圆角操作，最后执行抽壳操作，这样更简便快捷。

 **任务步骤**

（1）新建 SolidWorks 文件。单击【新建】按钮 ，打开【新建 SOLIDWORKS 文件】对话框。在该对话框中，先单击【零件】图标，再单击【确定】按钮，进入【零件】工作界面。

（2）确定草图绘制基准面。选择【前视基准面】作为草图绘制平面，新建草图，进入草图绘制平面。

（3）先单击命令管理器中的【草图】选项卡，再单击【直线】按钮旁边的下拉按钮，在弹出的下拉菜单中选择【中心线】命令，启动直线绘制功能。

（4）以坐标系原点为起点绘制通过坐标系原点的水平中心线与竖直中心线。

（5）绘制草图轮廓。单击【草图】选项卡中的【直线】按钮 ，绘制如图 3-47 所示的直线作为罐体的轮廓线。

（6）镜向罐体的轮廓线。单击【草图】选项卡中的【镜向实体】按钮 镜向实体 ，镜向罐体的轮廓线，如图 3-48 所示。

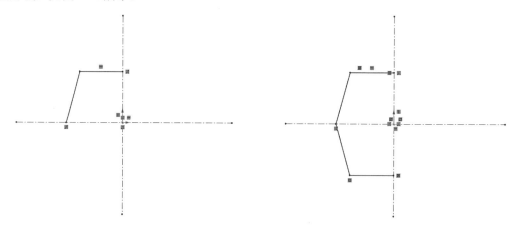

图 3-47　罐体的轮廓线　　　　　　　　图 3-48　镜向罐体的轮廓线

（7）绘制罐口轮廓。单击【草图】选项卡中的【直线】按钮 ，绘制罐口轮廓，并将其作为罐体的轮廓线。

（8）修剪草图。单击【草图】选项卡中的【剪裁实体】按钮 ，在弹出的【剪裁】属性管理器中选择【强劲剪裁】选项，将草图修剪为如图 3-49 所示的形状。

（9）闭合轮廓。单击【草图】选项卡中的【直线】按钮 ，绘制如图 3-50 所示的直线，闭合草图，形成单一闭合轮廓。

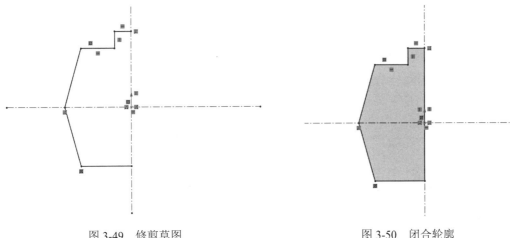

图 3-49　修剪草图　　　　　　　　　　　图 3-50　闭合轮廓

（10）标注尺寸，完全定义草图。单击【智能尺寸】按钮 ✎ ，启动尺寸标注功能。

**提示：** 按照先定全局后定局部的方式标注轮廓尺寸，如图 3-51 所示。

继续标注尺寸，将草图标注完整，达到完全约束状态，如图 3-52 所示。

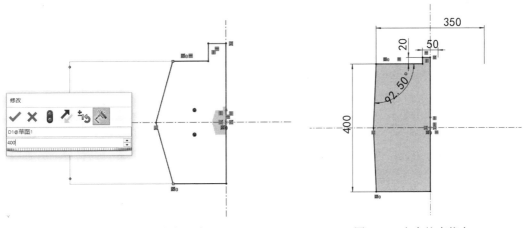

图 3-51　标注轮廓尺寸　　　　　　　　　图 3-52　完全约束状态 2

**提示：** 在标注对向距离时，将鼠标指针放到中心线的另一侧即可。

（11）旋转成实体。单击【特征】选项卡中的【旋转凸台/基体】按钮 ，弹出【旋转】属性管理器，单击【旋转轴】组，选择竖直中心线/竖直轮廓边线作为旋转轴，使用默认的给定条件，如图 3-53 所示，设置完成后单击【确定】按钮 ✓ ，生成实体。

（12）倒圆角特征。单击【特征】选项卡中的【圆角】按钮 ，弹出【圆角】属性管理器，单击【要圆角化的项目】组，选择如图 3-54 所示的两条边线，将【圆角参数】组中的半径设置为 45mm，之后单击【确定】按钮 ✓ ，生成实体。

继续单击【特征】选项卡中的【圆角】按钮 ，添加圆角。选择如图 3-55 所示的边线，将【圆角参数】组中的半径设置为 12mm，之后单击【确定】按钮 ✓ ，生成实体。

（13）抽壳成均匀壁厚壳体。单击【特征】选项卡中的【抽壳】按钮 ，弹出【抽壳 1】属性管理器，在【参数】组中单击【移除的面】选项 ，选择如图 3-56 所示的罐口上平面，将【厚度】选项 设置为 4mm，设置完成后单击【确定】按钮 ✓ ，生成实体。抽壳后的罐体如图 3-57 所示。

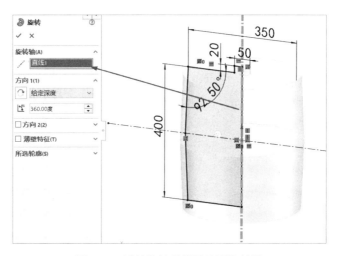

图 3-53　罐体旋转的设置及预览效果

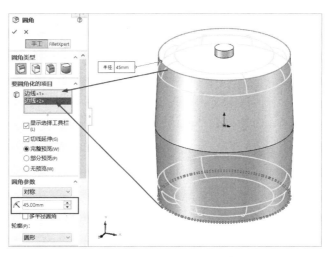

图 3-54　罐体圆角的设置及预览效果

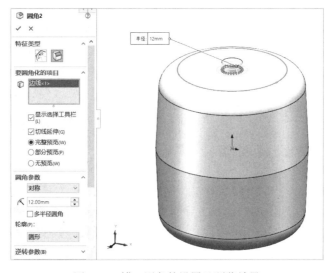

回转体类零件 1
（扫码看视频）

图 3-55　罐口圆角的设置及预览效果

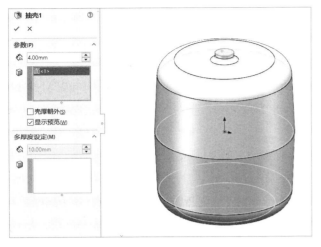

图 3-56　罐体抽壳设置

图 3-57　抽壳后的罐体

**提示：**多厚度设定步骤如下：单击【多厚度设定】组，【多厚度】尺寸文本框会一并被激活，先输入厚度尺寸，再选择相对应的面即可，继续调整厚度尺寸并选择对应的面。可以在一个抽壳特征中为不同的面设置不同的厚度。

## 3.3　回转体类零件的建模二

设计思路

　　回转体类零件的第二个案例如图 3-58 所示。在创建基础模型时，绘制草图轮廓需要按照之前绘制草图的方法进行，使用【旋转】命令完成基础模型，标注尺寸应遵循先整体后局部的原则。在创建轮辐孔时，使用【圆周阵列】命令。在创建轮辐孔草图时遵循高效快速的原则，使用【转换实体引用】命令。创建圆角不在草图中，而在特征中。需要特别注意的是草图处理的思路转换应灵活。

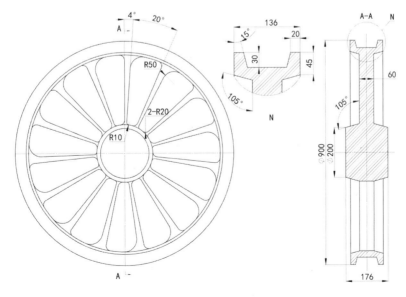

图 3-58　回转体类零件案例 2

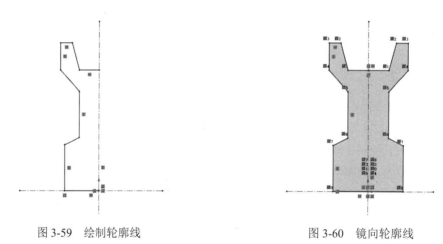

任务步骤

### 1. 新建零件

新建 SolidWorks 文件。单击【新建】按钮 📄，打开【新建 SOLIDWORKS 文件】对话框。在该对话框中，先单击【零件】图标，再单击【确定】按钮，进入【零件】工作界面。

### 2. 选择草图基准面创建草图

（1）确定草图绘制基准面。选择【右视基准面】作为草图绘制平面，新建草图，进入草图绘制平面。

（2）先单击命令管理器中的【草图】选项卡，再单击【直线】按钮旁边的下拉按钮，在弹出的下拉菜单中选择【中心线】命令，启动直线绘制功能，以坐标系原点为起点绘制通过坐标系原点的水平中心线与竖直中心线。

（3）绘制草图轮廓。单击【草图】选项卡中的【直线】按钮 ╱·，绘制如图 3-59 所示的轮廓线。

（4）镜向轮廓线。单击【草图】选项卡中的【镜向实体】按钮 � 镜向实体 ，镜向轮廓线，如图 3-60 所示。

图 3-59　绘制轮廓线　　　　　　　　　　　图 3-60　镜向轮廓线

（5）标注尺寸，完全定义草图。单击【智能尺寸】按钮 ✐ ，启动尺寸标注功能。

> **提示：** 按照先定全局后定局部的方式标注轮廓尺寸，如图 3-61 所示。

继续标注尺寸，将草图标注完整，达到完全约束状态，如图 3-62 所示。

> **提示 1：** 在标注对向距离时，将鼠标指针放到中心线的另一侧即可。
> **提示 2：** 在标注尺寸时，SolidWorks 能够识别四则运算，因此对于尺寸不必计算出数值再输入，可以直接代入计算公式。

（6）旋转成实体。单击【特征】选项卡中的【旋转凸台/基体】按钮 🌀 ，弹出【旋转】属性管理器，单击【旋转轴】组，选择竖直中心线/竖直轮廓边线作为旋转轴，使用默认给定条件，如图 3-63 所示，设置完成后单击【确定】按钮 ✓ ，生成实体。

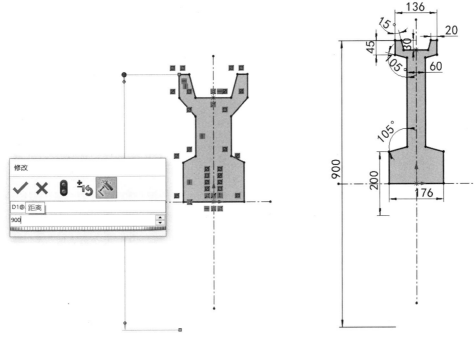

图 3-61　标注轮廓尺寸　　　　　　图 3-62　完全约束状态

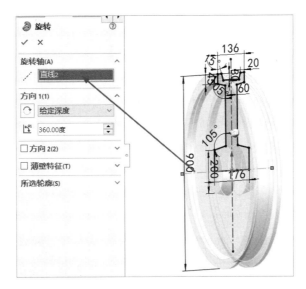

图 3-63　旋转设置及预览效果

### 3．创建轮辐孔特征

（1）绘制轮辐孔草图。以带轮侧面内环平面为基准面，新建草图，如图 3-64 所示，进入草图绘制平面。

单击【草图】选项卡中【直线】按钮旁边的下拉按钮，在弹出的下拉菜单中选择【中心线】命令，过坐标系原点绘制如图 3-65 所示的中心线。

单击【草图】选项卡中的【直线】按钮／，绘制如图 3-66 所示的两条经过坐标系原点的直线。

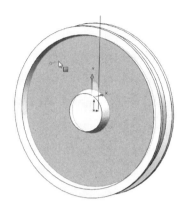

图 3-64　草图绘制平面

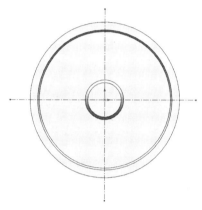

图 3-65　过坐标系原点绘制中心线

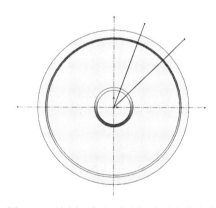

图 3-66　绘制两条经过坐标系原点的直线

　　选中带轮的内环平面，单击【草图】选项卡中的【转换实体引用】按钮 ⬚，将选中轮廓的外边线投影到草图中，作为草图的轮廓线使用，如图 3-67 所示。

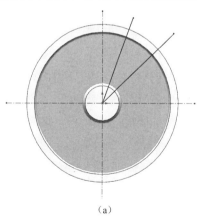

（a）

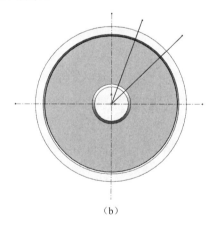

（b）

图 3-67　轮廓外边线转换为实体引用

　　选中带轮内圆的边线，单击【草图】选项卡中的【转换实体引用】按钮 ⬚，将选中边线投影到草图中，图 3-68（a）所示，作为草图的内轮廓线使用，至此形成的轮廓如图 3-68（b）所示。

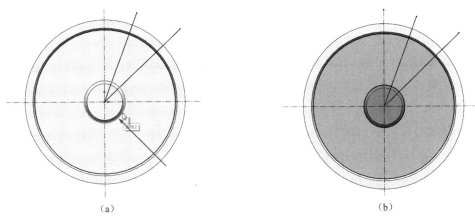

(a)　　　　　　　　　　　　　(b)

图 3-68　轮廓内圆转换为实体引用

（2）标注尺寸，完全定义草图。单击【智能尺寸】按钮 ，启动尺寸标注功能，标注轮辐孔尺寸，如图 3-69 所示。

（3）拉伸切除，生成轮辐孔。单击【特征】选项卡中的【拉伸切除】按钮 ，弹出【切除-拉伸】属性管理器，使用给定条件【完全贯穿】，单击【所选轮廓】组，选择如图 3-70 所示的闭合轮廓区域，设置完成后单击【确定】按钮 ，生成实体。轮辐孔拉伸切除完成图如图 3-71 所示。

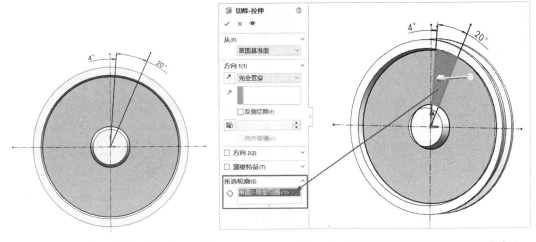

图 3-69　标注轮辐孔尺寸　　　　　　图 3-70　轮辐孔的拉伸切除设置及预览效果

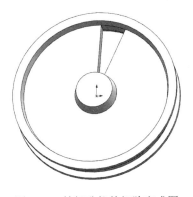

图 3-71　轮辐孔拉伸切除完成图

**提示：** 草图轮廓可以是多条线条形成的闭合区域，可以通过【所选轮廓】组选择操作的闭合区域。

（4）倒圆角特征。单击【特征】选项卡中的【圆角】按钮🔘，弹出【圆角】属性管理器，单击【要圆角化的项目】组，选择如图 3-72 所示的边线，将【圆角参数】组中的半径设置为 10mm，设置完成后单击【确定】按钮 ✓，生成实体。

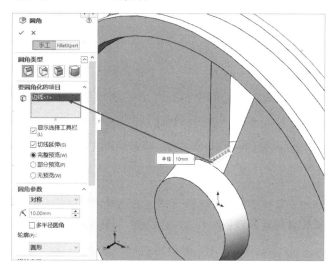

图 3-72　半径为 10mm 的圆角的设置及预览效果

继续执行上述操作，选择如图 3-73 所示的两条边线，将【圆角参数】组中的半径设置为 20mm，设置完成后单击【确定】按钮 ✓，生成实体。

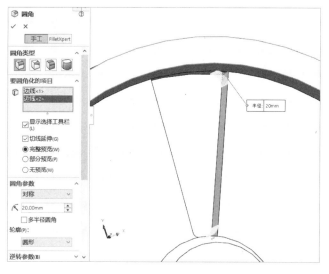

图 3-73　半径为 20mm 的圆角的设置及预览效果

继续执行上述操作，选择如图 3-74 所示的边线，将【圆角参数】组中的半径设置为 50mm，设置完成后单击【确定】按钮 ✓，生成实体。

（5）设置圆周阵列特征。单击【特征】选项卡中【线性阵列】按钮下面的下拉按钮，在弹出的下拉菜单中选择【圆周阵列】命令，打开【阵列（圆周）1】属性管理器，单击【阵列轴】选项🔘，选择如图 3-75 所示的带轮圆周面，自动确定圆周阵列轴线，采用 360° 等间距的方式，实例数为 15。单击【特征和面】组，单击图 3-75 中箭头①所指的设计树三角按钮，展开下拉设计树，单击矩形框选中的【切除-拉伸 1】特征和【圆角】特征，设置完成后单击【确定】按钮 ✓，生成实体。车轮完成图如图 3-76 所示。

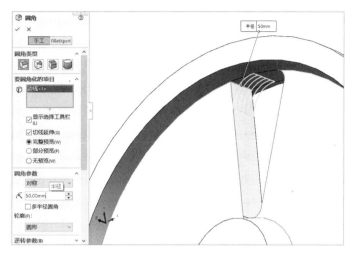

图 3-74　半径为 50mm 的圆角的设置及预览效果

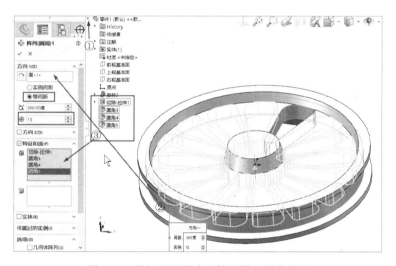

图 3-75　轮辐孔圆周阵列的设置及预览效果

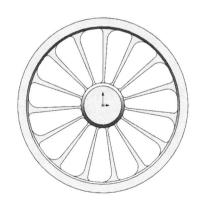

图 3-76　车轮完成图

回转体类零件的建模 2
（扫码看视频）

**提示 1：**【圆周阵列】阵列轴可以是圆柱面或圆弧面，也可以是圆形或圆弧边线，还可以是基准轴。

**提示 2：**选择【特征和面】组可以从设计树下拉菜单中选择特征，也可以在模型上单击生成的特征进行添加选择。

## 3.4　轴类零件的建模——旋转法

### 设计思路

　　轴是常见的零件之一。因为轴是回转体类零件，所以轴的三维建模的一般思路是绘制轴的一半截面草图，采用旋转法创建。这种方法适用于简单的轴。下面采用旋转法创建轴的三维模型。

　　轴类零件案例的二维图和三维图分别如图 3-77 和图 3-78 所示。

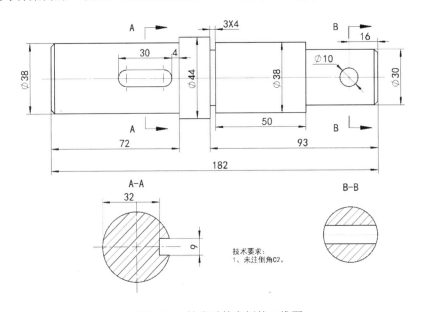

图 3-77　轴类零件案例的二维图

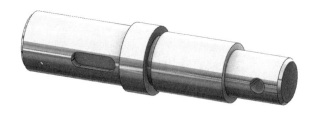

图 3-78　轴类零件案例的三维图

### 任务步骤

#### 1．新建零件

　　新建 SolidWorks 文件。单击【新建】按钮 ，在打开的【新建 SOLIDWORKS 文件】对话框中，先单击【零件】图标，再单击【确定】按钮，进入【零件】工作界面。

**2．绘制草图轮廓**

（1）确定草图绘制基准面。选择【前视基准面】作为草图绘制平面，新建草图，进入草图绘制平面。

（2）单击【直线】按钮旁边的下拉按钮，在弹出的下拉菜单中选择【中心线】命令，以坐标系原点为起点绘制通过坐标系原点的水平中心线与竖直中心线。

（3）绘制草图轮廓。单击【草图】选项卡中的【直线】按钮 ╱ ，绘制如图 3-79 所示的轮廓线。

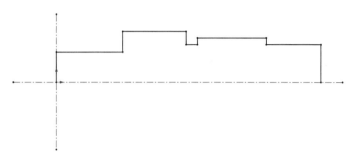

图 3-79　绘制轮廓线

（4）标注尺寸，完全定义草图。单击【智能尺寸】按钮 ，启动尺寸标注功能。

**提示**：按照先定全局后定局部的方式标注轮廓尺寸，如图 3-80 所示。

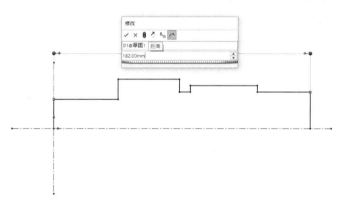

图 3-80　标注轮廓尺寸

继续标注尺寸，将草图标注完整，达到完全约束状态，如图 3-81 所示。

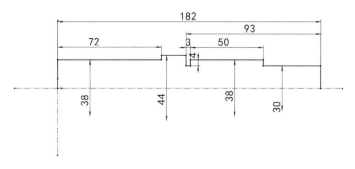

图 3-81　完全约束状态

### 3．旋转成轴实体模型

单击【特征】选项卡中的【旋转凸台/基体】按钮 🍥 ，弹出【旋转】属性管理器，如图 3-82 所示，单击【是】按钮，将草图自动闭合。在【旋转】属性管理器中，单击【旋转轴】组，选择水平中心线作为旋转轴，使用默认给定条件，设置完成后单击【确定】按钮，生成实体，如图 3-83 所示。

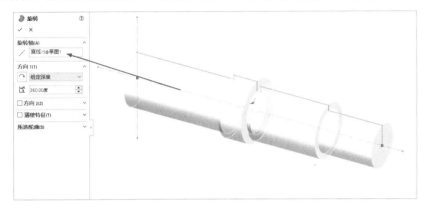

图 3-82　轴旋转实体的设置及预览效果

图 3-83　轴旋转实体生成图

**提示 1**：对于旋转用的草图，可以是不闭合的，程序会自动提示是否闭合，并自动添加线条将其闭合，如图 3-84 所示。

图 3-84　不闭合旋转草图的提示闭合信息

**提示 2**：自动添加的闭合线是一条没有约束条件的线条。

### 4．创建细部特征

（1）创建键槽草图基准面。单击【特征】选项卡中的【基准面】按钮 🔲 旁边的下拉按钮，在弹出的下拉菜单中选择【基准面】命令，弹出【基准面】属性管理器。在该属性管理器中先单击【第一参考】组，选择要绘制键槽口的圆柱面【面<1>】，再单击【第二参考】组，选择【前视基准面】，设置完成后单击【确定】按钮，生成基准面 1，如图 3-85 所示。

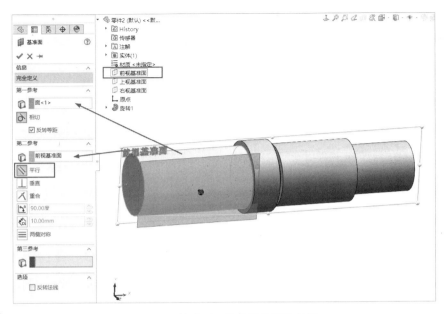

图 3-85 基准面 1 的设置及预览效果

**提示 1**：与圆柱相切并且与前视基准面平行的基准面有两个，可以通过基准面选项中的【反转等距】进行调整。

**提示 2**：在【第二参考】组中选择【前视基准面】或【上视基准面】均可以，同时选择相对应的平行或垂直条件即可。

**提示 3**：为什么不选择【右视基准面】作为第二参考呢？在任何条件下右视基准面都是与圆柱保持法向垂直的，所以不能作为定义基准面的条件。

（2）绘制键槽特征。在新建的基准面 1 上新建草图，绘制过坐标系原点的水平中心线，使用【直槽口】命令绘制如图 3-86 所示的轴上键槽。

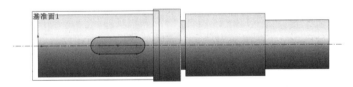

图 3-86 绘制轴上键槽

（3）标注尺寸，完全定义草图。单击【智能尺寸】按钮，启动尺寸标注功能。将草图标注完整，达到完全约束状态，如图 3-87 所示。

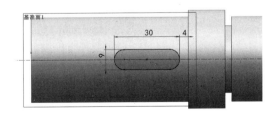

图 3-87 键槽草图尺寸标注

（4）拉伸切除，生成键槽。单击【特征】选项卡中的【拉伸切除】按钮 ，弹出【切除-拉伸】属性管理器，使用给定条件【给定深度】，将深度设置为 6mm，其他采用默认设置，如

图 3-88 所示。设置完成后单击【确定】按钮，生成实体。

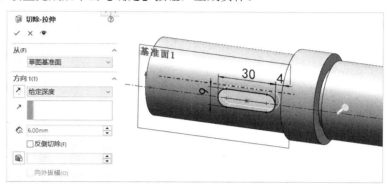

图 3-88　键槽拉伸切除的设置及预览效果

（5）拉伸切除轴上通孔。选中【前视基准面】，单击【特征】选项卡中的【拉伸切除】按钮 ，进入草图编辑状态，先过坐标系原点绘制水平中心线，再绘制圆，如图 3-89 所示。

（6）标注尺寸，完全定义草图，如图 3-90 所示。

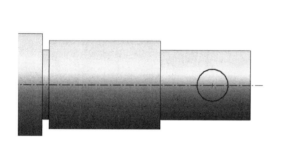

图 3-89　轴上通孔草图

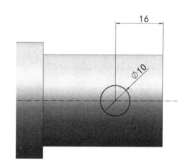

图 3-90　轴上通孔尺寸标注

（7）生成孔特征。单击【草图确认角】中的【保存并退出】图标 ，退出草图绘制状态。单击【特征】选项卡中的【拉伸切除】按钮 ，弹出【切除-拉伸 3】属性管理器，使用给定条件【两侧对称】，深度值为 40mm，其他采用默认设置，设置完成后单击【确定】按钮，生成实体，如图 3-91 所示。

（a）

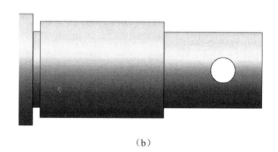

（b）

图 3-91　轴上通孔拉伸切除的设置及预览效果

（8）倒角。单击【特征】选项卡中【圆角】按钮旁边的下拉按钮，在弹出的下拉菜单中选择【倒角】命令，弹出【倒角】属性管理器。在该属性管理器中单击【要倒角化的项目】组，选择如图 3-92 所示的边线，将【倒角参数】组中的距离设置为 2mm，设置完成后单击【确定】按钮，生成实体，如图 3-93 所示。

（a）

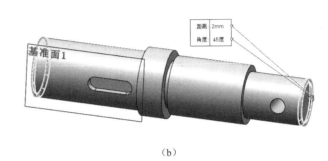
（b）

图 3-92　轴端倒角的设置及预览效果

图 3-93　轴端倒角生成图

轴类零件的建模——
旋转法
（扫码看视频）

（9）隐藏基准面。如图 3-94 所示，单击 FeatureManager 设计树中的【基准面 1】，单击快捷工具栏中的【隐藏】按钮将其隐藏。采用旋转法创建的轴类零件模型如图 3-95 所示。

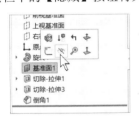

图 3-94　隐藏基准面 1

图 3-95　采用旋转法创建的轴类零件模型

# 3.5　轴类零件的建模——堆叠法

## 设计思路

　　如果轴类零件的结构比较复杂，那么采用旋转法绘制草图往往需要花费大量时间进行调整，这时采用堆叠法建模比较合适。堆叠法将轴类零件的每阶分解为一段圆柱，而草图是一个有确定尺寸的圆，这样每段轴可以通过圆形草图拉伸得到。这样可以简化草图绘制，提高绘制效率，加快设计速度。同时，在设计轴类零件时一般需要考虑轴的装配和定位尺寸，确定轴类零件的安装位置，以及轴肩的位置，而采用堆叠法比较符合层层推进的设计习惯。

采用堆叠法绘制的轴类零件的三维模型如图 3-96 所示。

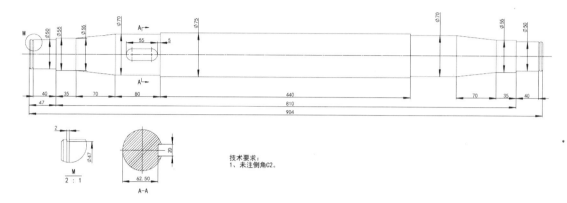

图 3-96　轴类零件的三维模型

 任务步骤

### 1. 新建零件

（1）新建 SolidWorks 文件。单击【新建】按钮，在弹出的【新建 SOLIDWORKS 文件】对话框中，先单击【零件】图标，再单击【确定】按钮，进入【零件】工作界面。

（2）确定草图绘制基准面。选择【右视基准面】作为草图绘制平面，新建草图，进入草图绘制平面。

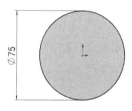

图 3-97　Φ75 轴段草图

### 2. 采用堆叠法创建基本模型

（1）绘制草图轮廓。单击【草图】选项卡中的【圆】按钮⊙，绘制草图，如图 3-97 所示，并标注尺寸完全约束草图，将其作为轴的轮廓截面。

（2）拉伸成形。单击【特征】选项卡中的【拉伸凸台/基体】按钮，弹出【凸台-拉伸】属性管理器，使用【两侧对称】，将深度设置为 440mm，如图 3-98 所示，设置完成后单击【确定】按钮，生成轴的中间部分，如图 3-99 所示。

（a）【凸台-拉伸】属性管理器

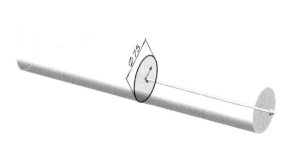

（b）预览效果

图 3-98　Φ75 轴段拉伸的设置及预览效果

图 3-99　Φ75 轴段生成图

（3）继续绘制轴。单击轴的一侧端面（见图 3-100），新建草图，进入草图编辑界面。单击【草图】选项卡中的【圆】按钮 ⊙▾，绘制如图 3-101 所示的草图，并标注尺寸完全约束草图，将其作为轴的轮廓截面。

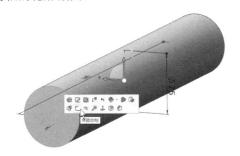

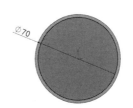

图 3-100　作基准面轴的一侧端面　　　　　　　图 3-101　Φ70 轴段草图

（4）拉伸成形。单击【特征】选项卡中的【拉伸凸台/基体】按钮 ▥，弹出【凸台-拉伸】属性管理器，使用【给定深度】，并将深度设置为 80mm，如图 3-102 所示，设置完成后单击【确定】按钮，生成轴的中间部分，如图 3-103 所示。

图 3-102　【凸台-拉伸】属性管理器　　　　　图 3-103　Φ70 轴段拉伸后的生成图

（5）绘制斜面轴段草图轮廓。单击【右视基准面】，新建草图，进入草图绘制界面，如图 3-104 所示。

图 3-104　选择绘制基准面

　　单击【直线】按钮旁边的下拉按钮，在弹出的下拉菜单中选择【中心线】命令，以坐标系原点为起点绘制两条通过坐标系原点的水平中心线，如图 3-105 所示。

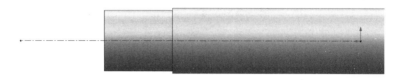

图 3-105　绘制中心线

　　单击【草图】选项卡中的【直线】按钮，绘制如图 3-106 所示的直线作为轴的轮廓线。

　　（6）旋转成实体。单击【特征】选项卡中的【旋转凸台/基体】按钮 🦀，弹出【旋转 1】属性管理器，单击【旋转轴】组，选择水平中心线作为旋转轴，其他使用默认的给定条件，如图 3-107 所示，设置完成后单击【确定】按钮，生成实体，如图 3-108 所示。

　　（7）继续绘制轴。选中并单击斜面轴的端面，如图 3-109 所示。

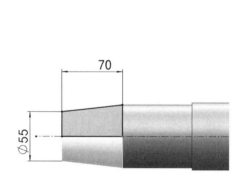

图 3-106　绘制轴的轮廓线

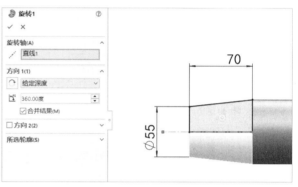

图 3-107　斜面轴旋转的设置及预览效果

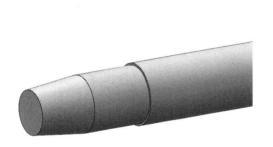

图 3-108　斜面轴的完成图

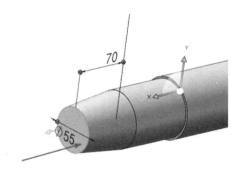

图 3-109　Φ55 轴段草图基准面

图 3-110　Φ55 轴段草图

　　单击【特征】选项卡中的【拉伸凸台/基体】按钮 🔩，直接进入草图绘制界面，先选中并单击轴端面，再单击【转换实体引用】按钮 🔲，Φ55 轴段草图如图 3-110 所示。

　　（8）单击【草图确认角】中的【保存并退出】图标 ↳，退出草图绘制状态。单击【特征】选项卡中的【拉伸凸台/基体】按钮，弹出【凸台-拉伸】属性管理器，使用【给定深度】，并将深度设置为 35mm，如图 3-111 所示，设置完成后单击【确定】按钮，生成轴的中间部分。

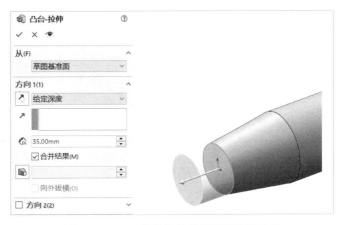

图 3-111　Φ55 轴段拉伸的设置及预览效果

（9）重复上述步骤建立草图并拉伸成形，按照图纸上的尺寸将剩余部分绘制完成，如图 3-112 所示。

图 3-112　其他轴段模型的完成图

### 3．轴端倒角

单击【特征】选项卡中【圆角】按钮旁边的下拉按钮，在弹出的下拉菜单中选择【倒角】命令，弹出【倒角 1】属性管理器，如图 3-113（a）所示，单击【要倒角化的项目】组，选择如图 3-113（b）所示的边线，将【倒角参数】组中的半径设置为 2mm，设置完成后单击【确定】按钮，生成实体，如图 3-114 所示。

（a）倒角的设置　　　　　　　　（b）倒角的预览效果

图 3-113　轴端倒角的设置及预览效果

图 3-114　轴端倒角的完成图

**4．镜向基本模型**

单击【特征】选项卡中的【镜向】按钮 ，弹出【镜向】属性管理器，设置镜向面和镜向特征，如图 3-115 所示，设置完成后单击【确定】按钮，生成实体，如图 3-116 所示。

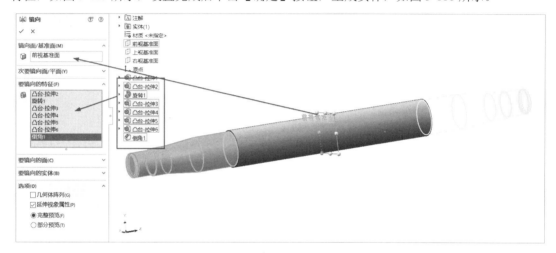

图 3-115　镜向的设置及预览效果

图 3-116　轴基本模型的生成图

**5．创建键槽**

（1）创建键槽草图基准面。单击【特征】选项卡中【基准面】按钮 旁边的下拉按钮，在弹出的下拉菜单中选择【基准面】命令，弹出【基准面】属性管理器，先单击【第一参考】组，选择要绘制键槽口的圆柱面【面<1>】，再单击【第二参考】组，选择【上视基准面】，如图 3-117 所示，设置完成后单击【确定】按钮，生成基准面 1，如图 3-118 所示。

（2）绘制键槽特征。在新建的基准面 1 上新建草图，绘制过坐标系原点的水平中心线，使用【直槽口】命令 绘制草图并标注尺寸，完全定义草图，如图 3-119 所示。

（3）拉伸切除，生成键槽。单击【特征】选项卡中的【拉伸切除】按钮 ，弹出【切除-拉伸】属性管理器，使用给定条件【给定深度】，将深度设置为 7.5mm，其他采用默认设置，设置完成后单击【确定】按钮，生成实体，如图 3-120 所示。

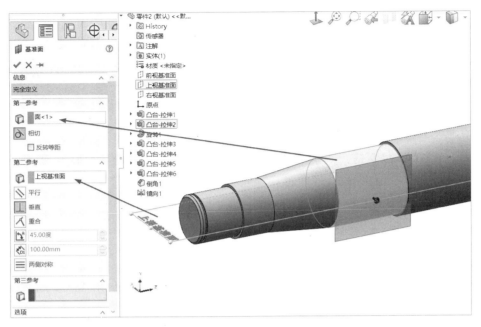

图 3-117　键槽基准面的设置

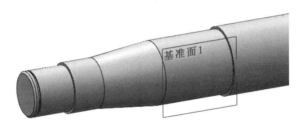

图 3-118　键槽基准面

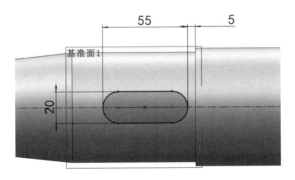

图 3-119　绘制键槽特征

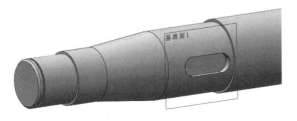

图 3-120　键槽的完成图

轴类零件的建模——
堆叠法
（扫码看视频）

（4）隐藏基准面。选择 FeatureManager 设计树中的【基准面 1】，单击快捷工具栏中的【隐藏】按钮（见图 3-121），隐藏基准面。图 3-122 所示为采用堆叠法创建的轴类零件的完成图。

图 3-121　单击【隐藏】按钮　　　　图 3-122　采用堆叠法创建的轴类零件的完成图

## 3.6　叉类零件的建模

### 设计思路

叉类零件案例如图 3-123 所示。通过分析三视图，发现该零件为叉架类结构，在建模时需要注意创建草图的方法，以及灵活运用拉伸和拉伸切除的成形条件。

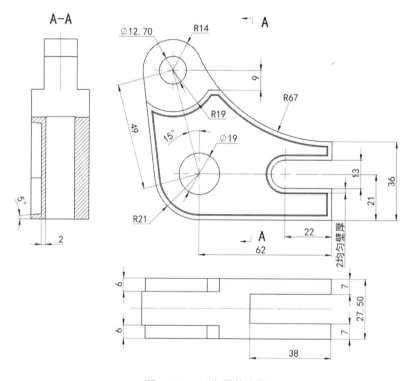

图 3-123　叉类零件案例

### 任务步骤

#### 1．新建零件

新建 SolidWorks 文件。单击【新建】按钮，在弹出的【新建 SOLIDWORKS 文件】对话框中，先单击【零件】图标，再单击【确定】按钮，进入【零件】工作界面。

**2．选择草图基准面创建草图**

（1）确定草图绘制基准面。选择【前视基准面】作为草图绘制平面，新建草图，进入草图绘制平面。

（2）先单击命令管理器中的【草图】选项卡，再单击【直线】按钮旁边的下拉按钮，在弹出的下拉菜单中选择【中心线】命令，绘制如图 3-124 所示的中心线。

（3）绘制草图轮廓。使用草图工具命令绘制如图 3-125 所示的草图轮廓，将其作为叉架的轮廓线，并标注尺寸，完全定义草图。

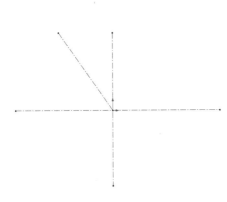

图 3-124　绘制中心线

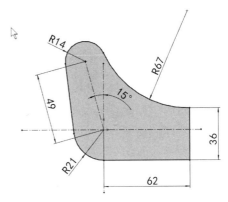

图 3-125　绘制草图轮廓

**3．拉伸成形，建立基本三维模型**

单击【特征】选项卡中的【拉伸凸台/基体】按钮 🔲，弹出【凸台-拉伸】属性管理器，使用给定条件【两侧对称】，将深度设置为 27.5mm，如图 3-126（a）所示，设置完成后单击【确定】按钮，生成轴的中间部分，如图 3-126（b）所示。

（a）属性设置

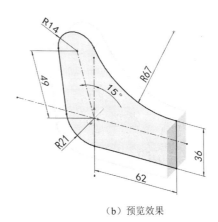

（b）预览效果

图 3-126　拉伸的设置及预览效果

**4．创建细部特征**

（1）拉伸切除孔槽。选中【前视基准面】，新建草图，进入草图绘制界面。使用草图绘制工具绘制草图并标注尺寸，使其完全定义，如图 3-127 所示。

（2）单击【特征】选项卡中的【拉伸切除】按钮 🔲，弹出【切除-拉伸】属性管理器，使用给定条件【两侧对称】，将深度设置为 40mm，如图 3-128（a）所示，其他采用默认设置，设置完成后单击【确定】按钮，生成实体，如图 3-128（b）所示。

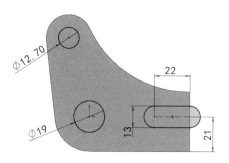

图 3-127　绘制草图并标注尺寸

（a）属性设置

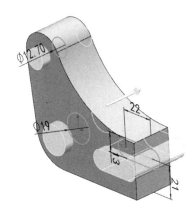

（b）预览效果

图 3-128　孔槽拉伸切除的设置及预览效果

（3）选中如图 3-129 所示的基准面。单击【特征】选项卡中的【拉伸切除】按钮 ，进入草图绘制平面，使用【圆】命令、【直线】命令和【转换实体引用】命令绘制如图 3-130 所示的特征草图。在特征草图绘制完成后，单击【退出草图】按钮，退出草图绘制状态。

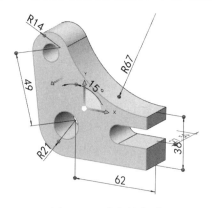

图 3-129　选中基准面

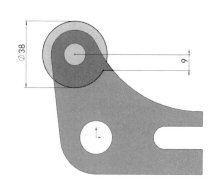

图 3-130　绘制特征草图

单击【特征】选项卡中的【拉伸切除】按钮，弹出【切除-拉伸】属性管理器，使用给定条件【给定深度】，将深度设置为 6mm，如图 3-131（a）所示，其他采用默认设置，设置完成后单击【确定】按钮，生成实体，如图 3-131（b）所示。

（4）镜向特征。单击【特征】选项卡中的【镜向】按钮 ，弹出【镜向】属性管理器，按照如图 3-132 所示设置镜向面和镜向特征，设置完成后单击【确定】按钮，生成实体。

（a）属性设置

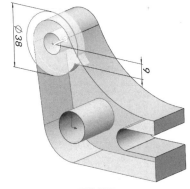

（b）预览效果

图 3-131　特征拉伸切除的设置及预览效果

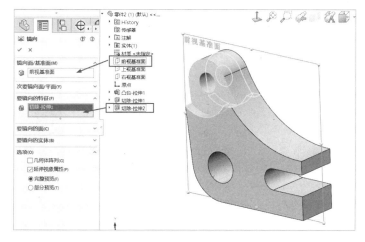

图 3-132　镜向特征的设置及预览效果

（5）选中【前视基准面】，单击【特征】选项卡中的【拉伸切除】按钮 ，进入草图绘制平面。使用草图绘制工具绘制如图 3-133 所示的草图并标注尺寸，使其完全定义。

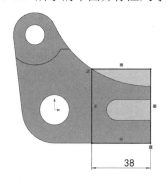

图 3-133　绘制及完全定义拉伸切除草图

在草图绘制完成后，单击【草图确认角】中的【保存并退出】图标 ，退出草图绘制状态。单击【特征】选项卡中的【拉伸切除】按钮，弹出【切除-拉伸】属性管理器，使用给定条件【到离指定面指定的距离】，将深度设置为 7mm，选择如图 3-134 所示的平面，完成一侧成形条件的设定。在设定另一侧时，勾选【方向 2】复选框，使用给定条件【到离指定面指定的距离】，将深度设置为 7mm，选择如图 3-135 所示的平面，其他采用默认设置，设置完成后单击【确定】按钮，生成实体，如图 3-136 所示。

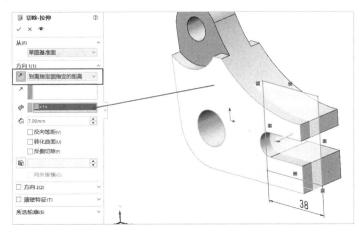

图 3-134　方向 1 切除的设置及预览效果

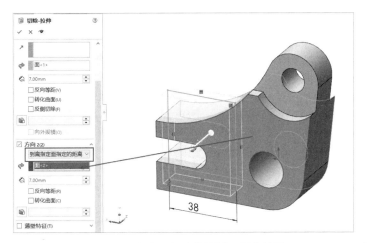

图 3-135　方向 2 切除的设置及预览效果　　　　图 3-136　缺口拉伸切除的完成图

（6）选中如图 3-137 所示的平面，单击【特征】选项卡中的【拉伸切除】按钮 ▣，进入草图绘制平面。单击【草图】选项卡中的【等距实体】按钮 ⊏，弹出【等距实体】属性管理器，将【等距距离】设置为 2mm，并勾选【反向】复选框，如图 3-138 所示，单击【确定】按钮，生成的草图如图 3-139 所示。

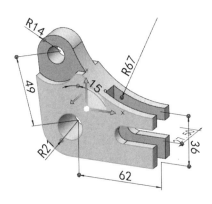

图 3-137　选取基准面

（a）属性设置

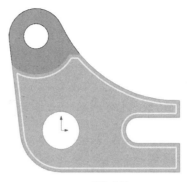

（b）预览效果

图 3-138　等距实体的设置及预览效果

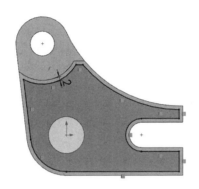

图 3-139　拉伸切除草图

在草图绘制完成后，单击【草图确认角】中的【保存并退出】图标 ↳，退出草图绘制状态。单击【特征】选项卡中的【拉伸切除】按钮，弹出【切除-拉伸 4】属性管理器，使用给定条件【到离指定面指定的距离】，将深度设置为 2mm，选择如图 3-140 所示的平面，单击【拔模开/关】按钮，将所选的面在拉伸切除时的斜度设置为 5°，其他采用默认设置，设置完成后单击【确定】按钮，生成实体，如图 3-141 所示。

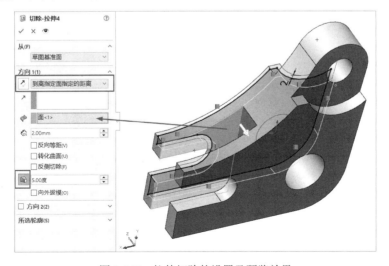

图 3-140　拉伸切除的设置及预览效果

图 3-141　叉类零件的完成图

## 3.7　盘类零件的建模

 设计思路

　　盘类零件案例如图 3-142 所示，该类零件的结构非常复杂。如果先绘制轮廓，再进行拉伸或旋转，那么绘制盘类零件的草图的过程很复杂，所以可以更换设计方法，采用"化繁为简，逐层递进"的方式，将复杂的草图分解为简单的草图组合，提质增效，最终实现创建模型的目的。

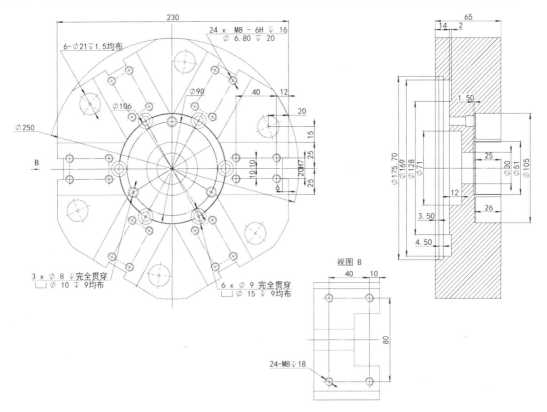

图 3-142　盘类零件案例

## 任务步骤

（1）新建 SolidWorks 文件。单击【新建】按钮，在弹出的【新建 SOLIDWORKS 文件】对话框中，先单击【零件】图标，再单击【确定】按钮，进入【零件】工作界面。

（2）确定草图绘制基准面。单击【上视基准面】，在弹出的快捷工具栏中单击【草图绘制】按钮，如图 3-143 所示，进入草图绘制平面。

（3）绘制草图轮廓。单击【草图】选项卡中的【圆】按钮⊙▾，绘制如图 3-144 所示的草图，并标注尺寸完全约束草图，将该草图作为轴的轮廓截面。

图 3-143　单击【草图绘制】按钮

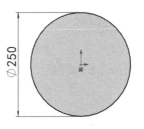

图 3-144　绘制草图

（4）拉伸成形。单击【特征】选项卡中的【拉伸凸台/基体】按钮🔲，弹出【凸台-拉伸】属性管理器，使用给定条件【给定深度】，并将深度设置为 65mm，设置完成后单击【确定】按钮，生成基体模型，如图 3-145 所示。

（a）属性设置

（b）预览效果

图 3-145　圆柱拉伸的设置及预览效果

（5）选中基体的上平面，单击【特征】选项卡中的【拉伸切除】按钮🔲，进入草图绘制平面。单击【草图】选项卡中的【转换实体引用】按钮🔲，将模型的轮廓边线转换为草图的轮廓线，单击【确定】按钮。使用【直线】命令和【中心线】命令绘制如图 3-146 所示的线条，并标注尺寸，使其完全约束。

在草图绘制完成后，单击【草图确认角】中的【保存并退出】图标↳，退出草图绘制状态。单击【特征】选项卡中的【拉伸切除】按钮，弹出【切除-拉伸】属性管理器，使用给定条件【完全贯穿】，单击【所选轮廓】组，将如图 3-147 所示的区域添加到【所选轮廓】组中，其他采用默认设置，设置完成后单击【确定】按钮，生成实体。

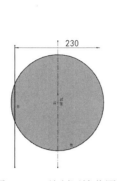

图 3-146　绘制圆缺草图

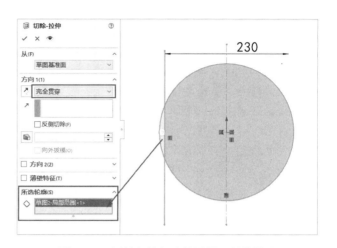

图 3-147　圆缺拉伸切除的设置及预览效果

（6）设置圆周阵列特征。单击【特征】选项卡中的【圆周阵列】按钮，弹出【阵列（圆周）1】属性管理器，先单击【方向 1】组中的【阵列轴】选项 ⊙，选择如图 3-148 所示的圆周面，自动确定圆周阵列轴线，采用 360°等间距的方式，将实例数设置为 6，再单击【特征和面】组，单击箭头所指的【切除-拉伸 1】特征，设置完成后单击【确定】按钮，生成实体。

（7）再次选中基体的上平面，单击【特征】选项卡中的【拉伸切除】按钮 ⬚，进入草图绘制平面，使用【中心矩形】命令绘制如图 3-149 所示的矩形，并标注尺寸，使其完全约束。

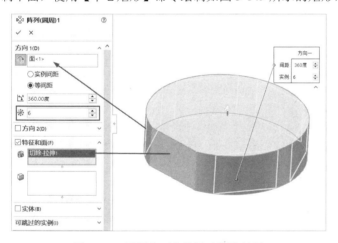

图 3-148　圆周阵列的设置及预览效果

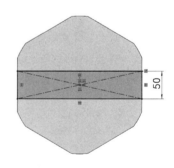

图 3-149　绘制矩形 1

在草图绘制完成后，单击【草图确认角】中的【保存并退出】图标 ↳，退出草图绘制状态。单击【特征】选项卡中的【拉伸切除】按钮，弹出【切除-拉伸】属性管理器，使用给定条件【给定深度】，深度为 25mm，其他采用默认设置，设置完成后单击【确定】按钮，生成实体，如图 3-150 所示。

（8）继续设置圆周阵列特征。单击【特征】选项卡中的【圆周阵列】按钮 ⬚，弹出【阵列（圆周）2】属性管理器，先单击【方向 1】组中的【阵列轴】选项 ⊙，选择如图 3-151 所示的圆周面，自动确定圆周阵列轴线，采用 360°等间距的方式，将实例数设置为 3；再单击【特征和面】组，选择箭头所指的【切除-拉伸 2】特征，设置完成后单击【确定】按钮，生成实体。

（9）选中上一步生成的基体的槽内平面（见图 3-152），单击【特征】选项卡中的【拉伸切除】按钮 ⬚，进入草图绘制平面，使用【中心矩形】命令绘制如图 3-153 所示的矩形，并标注尺寸，使其完全约束。

（a）属性设置

（b）预览效果

图 3-150 通槽拉伸切除的设置及预览效果

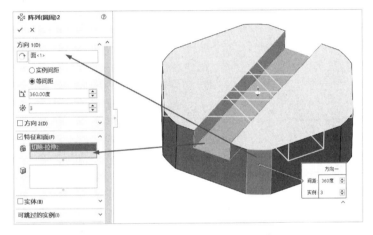

图 3-151 圆周阵列的设置及预览

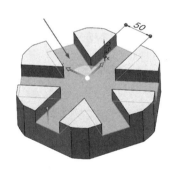

图 3-152 选择草图绘制基准面

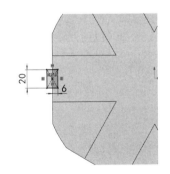

图 3-153 绘制矩形 2

在草图绘制完成后，单击【草图确认角】中的【保存并退出】图标 ，退出草图绘制状态。单击【特征】选项卡中的【拉伸切除】按钮，弹出【切除-拉伸】属性管理器，使用给定条件【完全贯穿】，其他采用默认设置，设置完成后单击【确定】按钮，生成实体，如图 3-154 所示。

（10）继续设置圆周阵列特征。单击【特征】选项卡中的【圆周阵列】按钮 ，弹出【阵列（圆周）3】属性管理器，先单击【方向 1】组中的【阵列轴】选项，选择如图 3-155 所示的圆周面，自动确定圆周阵列轴线，采用 360° 等间距的方式，将实例数设置为 6；再单击【特征和面】组，选择箭头所指的【切除-拉伸 3】特征，设置完成后单击【确定】按钮，生成实体。

（a）属性设置

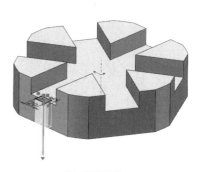

（b）预览效果

图 3-154    缺口拉伸切除的设置及预览效果

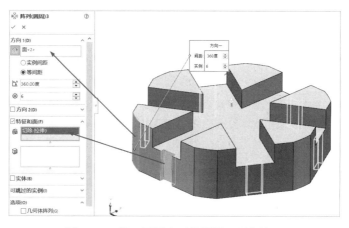

图 3-155    缺口圆周阵列的设置及预览效果

（11）使用【异形孔向导】命令绘制螺纹孔。选中异形孔绘制基准面（见图 3-156），单击【特征】选项卡中的【异形孔向导】按钮 ，将【孔类型】设置为如图 3-157 所示的形式，之后单击【位置】选项卡，进入【孔位置】确定草图界面，绘制如图 3-158 所示的草图，并标注尺寸完全定义草图，单击【确定】按钮，生成实体，如图 3-159 所示。

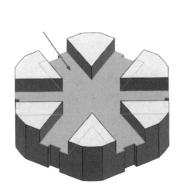

图 3-156    异形孔绘制基准面

图 3-157    孔的设置

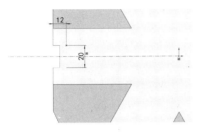

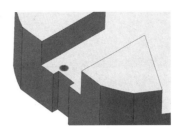

图 3-158　孔位置的尺寸标注　　　　　　图 3-159　孔的完成图

**提示 1**：使用【异形孔向导】命令确定孔的位置时，使用的是【草图】选项卡中的【点】命令。

**提示 2**：在点位置草图中，可以将 4 个孔点都绘制好，通过添加中心线进行约束，并标注尺寸完全定义草图。也可以先绘制一侧的 2 个孔点，再通过草图镜向完成草图绘制，最后通过尺寸约束等方法实现。

**提示 3**：在点位置草图中，还可以运用【镜向实体】命令或【线性草图阵列】命令结合尺寸约束的方式绘制完成。

（12）单击【特征】选项卡中的【线性阵列】按钮 ，弹出【线性阵列】属性管理器。单击【方向 1】组，选择如图 3-160 所示的边线，自动确定方向 1 的阵列方向；单击【方向 2】组，选择如图 3-160 所示的边线，自动确定方向 2 的阵列方向，输入如图 3-160 所示的参数；单击【特征和面】组，选择箭头所指的【M8 螺纹孔 1】特征。设置完成后单击【确定】按钮，生成实体，如图 3-161 所示。

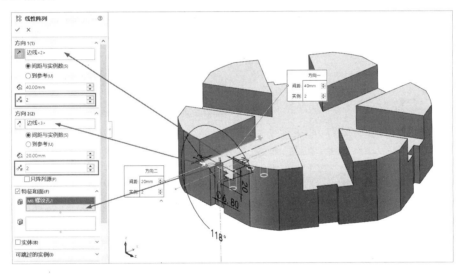

图 3-160　孔的线性阵列的设置及预览

（13）继续设置圆周阵列特征。选中 FeatureManager 设计树中的【阵列（线性）1】，如图 3-162 所示。

单击【特征】选项卡中的【圆周阵列】按钮 ，弹出【阵列（圆周）4】属性管理器，单击【阵列轴】组，选择如图 3-163 所示的圆弧边线，自动确定圆周阵列轴线，采用 360° 等间距的方式，将实例数设置为 6，设置完成后单击【确定】按钮，生成实体。

**提示 1**：先选中特征，再使用【阵列】命令可以直接将选中的特征拾取到相应的组中，这是一种快捷操作方式。

**提示 2**：对于镜向、圆周阵列、线性阵列，都可以继续执行相关的阵列和镜向操作。

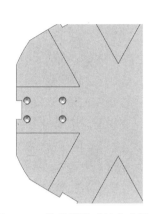

图 3-161　孔线性阵列的完成图

图 3-162　选中【阵列（线性）1】

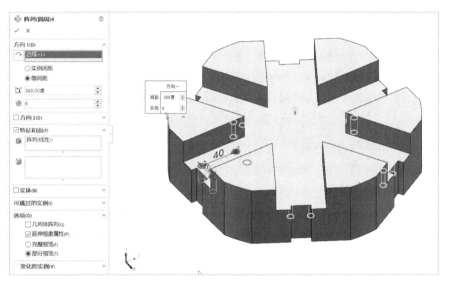

图 3-163　圆周阵列的设置及预览效果

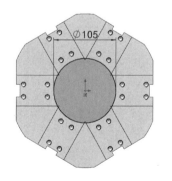

图 3-164　绘制圆形凹坑草图

（14）选中基体的上平面，单击【特征】选项卡中的【拉伸切除】按钮 ，进入草图绘制平面，绘制如图 3-164 所示的草图，并标注尺寸，完全定义草图。

在草图绘制完成后，单击【草图确认角】中的【保存并退出】图标 ，退出草图绘制状态。单击【特征】选项卡中的【拉伸切除】按钮，弹出【切除-拉伸】属性管理器，使用给定条件【给定深度】，并将深度设置为 26mm，其他采用默认设置，设置完成后单击【确定】按钮，生成实体，如图 3-165 所示。

（15）使用【异形孔向导】命令绘制柱形沉头孔。选中柱形沉头孔绘制平面（见图 3-166），单击【特征】选项卡中的【异形孔向导】按钮 ，将【孔类型】设置为如图 3-167 所示的形式，之后单击【位置】选项卡，进入【孔位置】，确定草图界面，绘制如图 3-168 所示的草图，并标注尺寸完全定义草图，单击【确定】按钮，生成实体，如图 3-169 所示。

（16）继续设置圆周阵列特征。选中 FeatureManager 设计树中的【孔 1】，如图 3-170 所示。

（a）属性设置

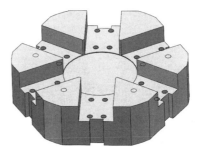

（b）预览效果

图 3-165　圆形凹坑的设置及预览效果

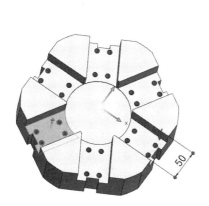

图 3-166　柱形沉头孔绘制平面

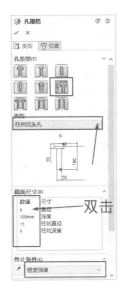

图 3-167　设置柱形沉头孔

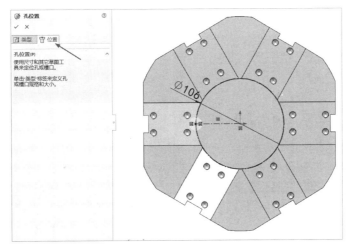

图 3-168　确定柱形沉头孔的位置

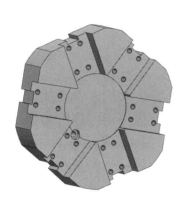

图 3-169　柱形沉头孔的完成图

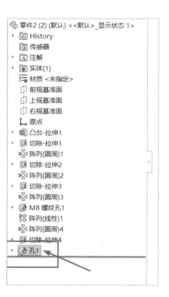

图 3-170　选中【孔 1】

单击【特征】选项卡中的【圆周阵列】按钮，弹出【阵列（圆周）5】属性管理器，单击【阵列轴】组，选择如图 3-171 所示的圆周面，自动确定圆周阵列轴线，采用 360°等间距的方式，实例数为 6，设置完成后单击【确定】按钮，生成实体，如图 3-172 所示。

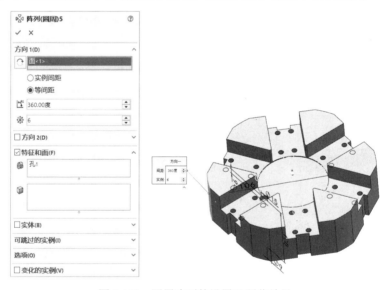

图 3-171　圆周阵列的设置及预览效果

**提示：** 可以从异形孔向导的【类型】下拉列表中选择【柱形沉头孔】选项，如图 3-173 所示。

（17）继续使用【异形孔向导】命令绘制柱形沉头孔。选中中央平面（见图 3-174），单击【特征】选项卡中的【异形孔向导】按钮，将【孔类型】设置为如图 3-175 所示的形式，之后单击【位置】选项卡，进入【孔位置】，确定草图界面，绘制如图 3-176 所示的草图，并标注尺寸完全定义草图，单击【确定】按钮，生成实体，如图 3-177 所示。

继续设置圆周阵列特征。选中 FeatureManager 设计树中的【孔 2】，如图 3-178 所示。

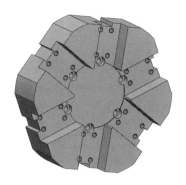

图 3-172　沉头孔圆周阵列的完成图

图 3-173　选择【柱形沉头孔】选项

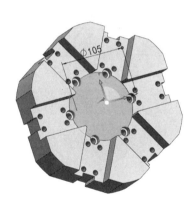

图 3-174　选择绘制基准面

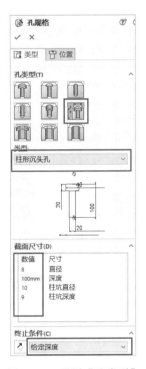

图 3-175　设置【孔类型】

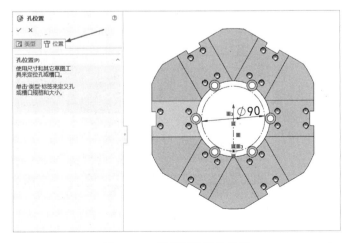

图 3-176　设置沉头孔的位置

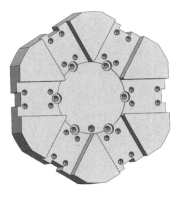

图 3-177　沉头孔的完成图

图 3-178　选中 FeatureManager 设计树中的【孔 2】

单击【特征】选项卡中的【圆周阵列】按钮，弹出【阵列（圆周）6】属性管理器，单击【阵列轴】组，选择如图 3-179 所示的圆周面，自动确定圆周阵列轴线，采用 360°等间距的方式，将实例数设置为 3，设置完成后单击【确定】按钮，生成实体，如图 3-180 所示。

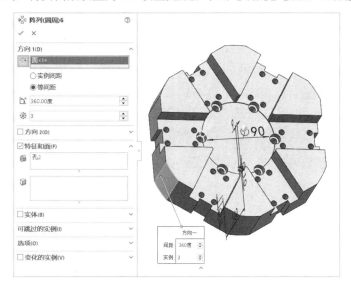

图 3-179　圆周阵列的设置及预览效果

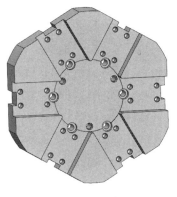

图 3-180　沉头孔圆周阵列的完成图

（18）继续选中基体的上平面（见图 3-181），单击【特征】选项卡中的【拉伸切除】按钮，进入草图绘制平面，单击【圆】按钮，绘制如图 3-182 所示的轮廓，并标注尺寸，使其完全约束。

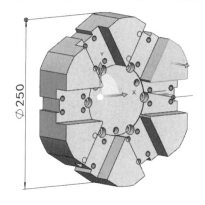

图 3-181　选择草图基准面

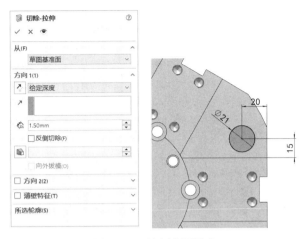

图 3-182 绘制草图轮廓

在草图绘制完成后，单击【草图确认角】中的【保存并退出】图标 ，退出草图绘制状态。单击【特征】选项卡中的【拉伸切除】按钮，弹出【切除-拉伸】属性管理器，使用给定条件【给定深度】，并将深度设置为 1.5mm，其他采用默认设置，设置完成后单击【确定】按钮，生成实体，如图 3-183 所示。

（19）继续设置圆周阵列特征。单击【特征】选项卡中的【圆周阵列】按钮 ，弹出【阵列（圆周）7】属性管理器，单击【阵列轴】组，选择如图 3-184 所示的圆周面，自动确定圆周阵列轴线，采用 360°等间距的方式，将实例数设置为 6，单击【特征和面】组，选择【切除-拉伸 5】特征，设置完成后单击【确定】按钮，生成实体。

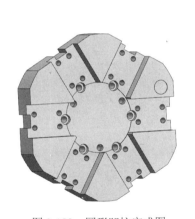

图 3-183 圆形凹坑完成图

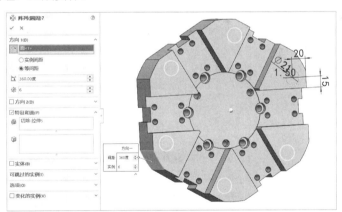

图 3-184 圆形凹坑圆周阵列的设置及预览效果

（20）使用【异形孔向导】命令绘制螺纹孔。选中如图 3-185 所示的侧面平面，单击【特征】选项卡中的【异形孔向导】按钮，将【孔类型】设置为如图 3-186 所示的形式，之后单击【位置】选项卡，进入【孔位置】，确定草图界面，设置孔的个数及位置，如图 3-187 所示，并标注尺寸完全定义草图，单击【确定】按钮，生成实体，如图 3-188 所示。

（21）继续设置圆周阵列特征。选中 FeatureManager 设计树中的【M8 螺纹孔 2】，单击【特征】选项卡中的【圆周阵列】按钮 ，弹出【阵列（圆周）8】属性管理器，单击【阵列轴】组，选择如图 3-189 所示的圆周面，自动确定圆周阵列轴线，采用 360°等间距的方式，将实例数设置为 6，设置完成后单击【确定】按钮，生成实体，如图 3-190 所示，完成绘制。

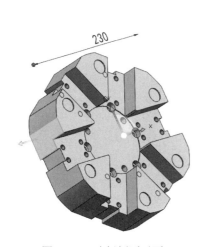

图 3-185　选择侧面平面

图 3-186　设置螺纹孔

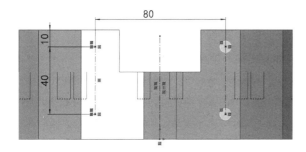

图 3-187　设置孔的个数及位置

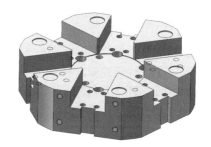

图 3-188　螺纹孔的完成图

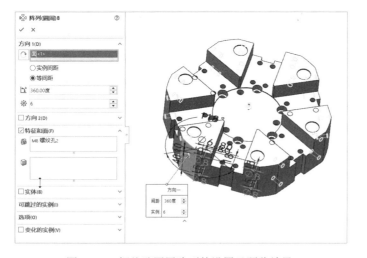

图 3-189　螺纹孔圆周阵列的设置及预览效果

图 3-190　螺纹孔圆周阵列的完成图

（22）旋转切除生成孔特征。选中【右视基准面】，绘制如图 3-191 所示的草图。绘制完草图后，单击【草图确认角】中的【保存并退出】图标 ，退出草图绘制状态。单击【特征】选项卡中的【拉伸切除】按钮，弹出【切除-旋转】属性管理器，具体设置如图 3-192 所示，设置完成后单击【确定】按钮，生成实体。旋转切除后的剖面视图如图 3-193 所示，刀盘的完成图如图 3-194 所示。

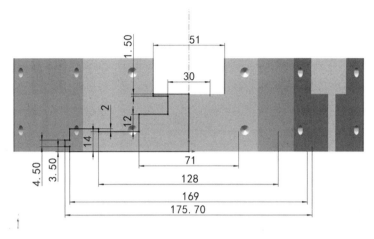

图 3-191　旋转切除草图

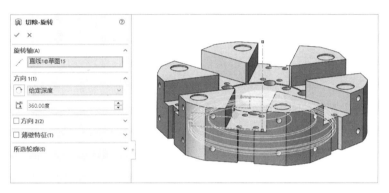

盘类零件建模
（扫码看视频）

图 3-192　旋转切除的设置及预览效果

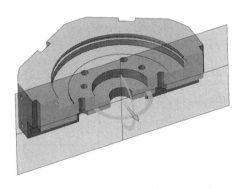

图 3-193　旋转切除后的剖面视图　　　　　　图 3-194　刀盘的完成图

## 3.8　座类复杂零件的建模

设计思路

　　图 3-195 所示为座类零件案例的二维图，该零件属于比较常见的负载箱体类零件。通过分析三视图可以发现，座类零件的结构非常复杂，可以采用"化繁为简，逐层递进"的方式，将复杂的草图分解为简单的草图组合，最终实现创建模型的目的。

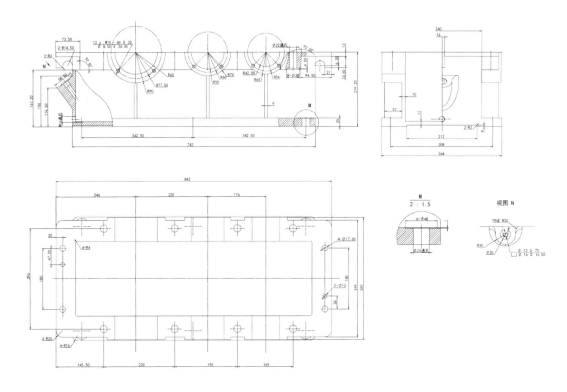

图 3-195　座类零件案例的二维图

## 任务步骤

（1）新建 SolidWorks 文件。单击【新建】按钮，在弹出的【新建 SOLIDWORKS 文件】对话框中，先单击【零件】图标，再单击【确定】按钮，进入【零件】工作界面。

（2）确定草图绘制基准面。选中【上视基准面】，新建草图，进入草图绘制平面。

（3）绘制草图轮廓。单击【草图】选项卡中的【中心矩形】按钮，绘制如图 3-196 所示的草图，并标注尺寸完全约束草图，将其作为箱体的轮廓草图。

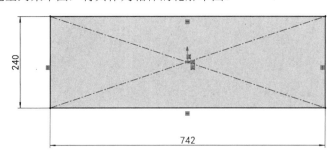

图 3-196　箱体的轮廓草图

（4）拉伸成形。单击【特征】选项卡中的【拉伸凸台/基体】按钮 ，弹出【凸台-拉伸】属性管理器，使用给定条件【给定深度】，并将深度设置为 219.2mm，如图 3-197（a）所示，设置完成后单击【确定】按钮，生成基体模型，如图 3-197（b）所示。

（5）选中基体的下平面，单击【特征】选项卡中的【拉伸凸台/基体】按钮 ，进入草图绘制平面，绘制如图 3-198 所示的草图轮廓。

（a）属性设置

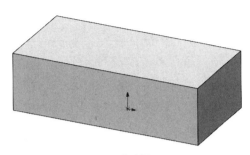
（b）完成图

图 3-197 箱体拉伸的设置及完成图

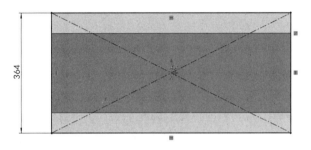

图 3-198 箱体底座草图轮廓

在草图绘制完成后，单击【草图确认角】中的【保存并退出】图标，退出草图绘制状态。单击【特征】选项卡中的【拉伸切除】按钮，弹出【凸台-拉伸】属性管理器，使用给定条件【给定深度】，并将深度设置为 25mm，其他采用默认设置，设置完成后单击【确定】按钮，生成实体，如图 3-199 所示。

（a）属性设置

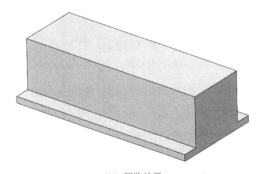
（b）预览效果

图 3-199 箱体底座拉伸的设置及预览效果

（6）拉伸成形顶面。选中基体的上平面，单击【特征】选项卡中的【拉伸凸台/基体】按钮，进入草图绘制平面，绘制如图 3-200 所示的草图轮廓。

在草图绘制完成后，单击【草图确认角】中的【保存并退出】图标，退出草图绘制状态。单击【特征】选项卡中的【拉伸切除】按钮，弹出【凸台-拉伸】属性管理器，使用给定条件【给定深度】，并将深度设置为 12mm，如图 3-201（a）所示，其他采用默认设置，设置完成后单击【确定】按钮，生成实体，如图 3-201（b）所示。

（7）两侧对称拉伸成形。选中【前视基准面】，如图 3-202 所示。

单击【特征】选项卡中的【拉伸凸台/基体】按钮，进入草图绘制平面，绘制如图 3-203

所示的草图轮廓。

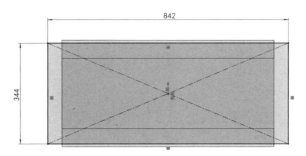

图 3-200　箱体平台草图轮廓

（a）属性设置

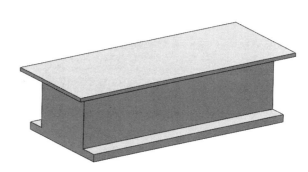

（b）预览效果

图 3-201　箱体平台拉伸的设置及预览效果

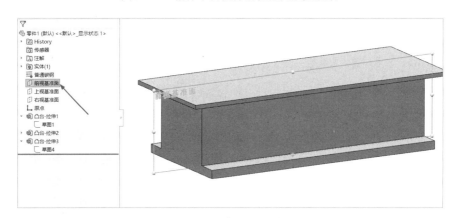

图 3-202　设置箱体凸台基准面

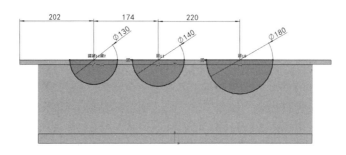

图 3-203　箱体凸台草图轮廓

在草图绘制完成后，单击【草图确认角】中的【保存并退出】图标 ，退出草图绘制状态。单击【特征】选项卡中的【拉伸切除】按钮，弹出【凸台-拉伸】属性管理器，使用给定条件【两侧对称】，将拉伸设置为 360mm，如图 3-204（a）所示，其他采用默认设置，设置完成后单击【确定】按钮，生成实体，如图 3-204（b）所示。

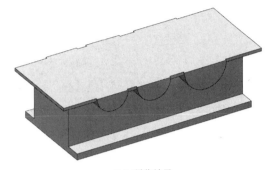

（a）属性设置　　　　　　　　　　　　　　（b）预览效果

图 3-204　箱体凸台拉伸的设置及预览效果

（8）拉伸成形（使用方向 1 和方向 2）。选中【前视基准面】，单击【特征】选项卡中的【拉伸凸台/基体】按钮 ，进入草图绘制平面，绘制如图 3-205 所示的草图轮廓。

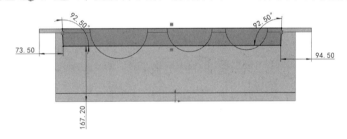

图 3-205　箱体特征草图轮廓

在草图绘制完成后，单击【草图确认角】中的【保存并退出】图标 ，退出草图绘制状态。单击【特征】选项卡中的【拉伸切除】按钮，弹出【凸台-拉伸】属性管理器，【方向 1】使用给定条件【成形到一面】，如图 3-206 所示，其他采用默认设置，勾选【方向 2】复选框，使用给定条件【成形到一面】，设置完成后单击【确定】按钮，生成实体。

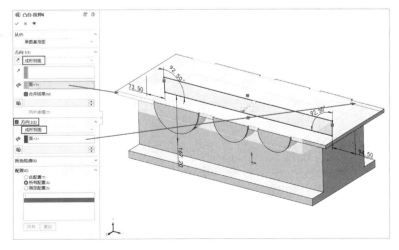

图 3-206　箱体特征拉伸的设置及预览效果

（9）拉伸切除轴槽孔。选中【前视基准面】，单击【特征】选项卡中的【拉伸切除】按钮，进入草图绘制平面，绘制如图 3-207 所示的草图。

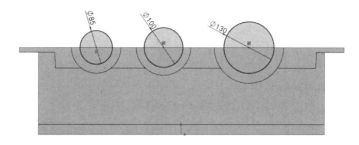

图 3-207　槽孔草图

在草图绘制完成后，单击【草图确认角】中的【保存并退出】图标，退出草图绘制状态。单击【特征】选项卡中的【拉伸切除】按钮，弹出【切除-拉伸】属性管理器，使用给定条件【两侧对称】，将拉伸设置为 420mm，其他采用默认设置，如图 3-208 所示，设置完成后单击【确定】按钮，生成实体。

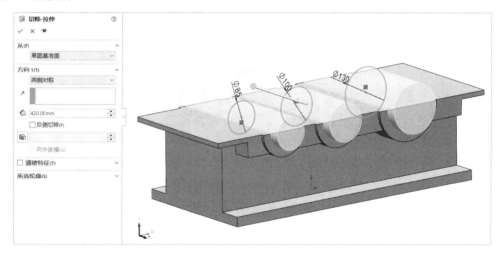

图 3-208　槽孔拉伸切除的设置及预览效果

**提示**：切除深度值大于或等于材料厚度即可完成切除。

（10）拉伸切除箱体槽。选中箱体槽草图平面，如图 3-209 所示。

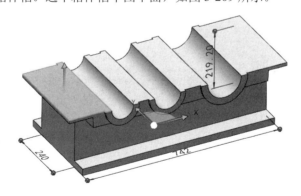

图 3-209　箱体槽草图平面

单击【特征】选项卡中的【拉伸切除】按钮 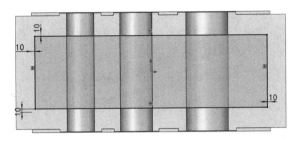，进入草图绘制平面，绘制如图 3-210 所示的草图。

图 3-210 箱体槽草图

> **提示：** 当标注尺寸找不到参考边线时，可以将显示类型设置为【隐藏线可见】，即可以看到箱体的边线，如图 3-211 所示。

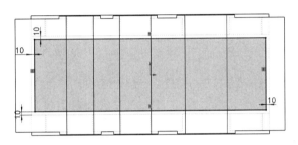

图 3-211 显示隐藏线

在草图绘制完成后，单击【草图确认角】中的【保存并退出】图标 ，退出草图绘制状态。单击【特征】选项卡中的【拉伸切除】按钮，弹出【切除-拉伸】属性管理器，使用给定条件【到离指定面指定的距离】，选择如图 3-212 所示的面作为基体底面，将深度设置为 15mm，其他采用默认设置。设置完成后单击【确定】按钮，生成实体，如图 3-213 所示。

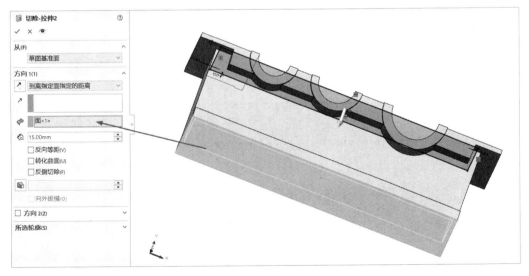

图 3-212 箱体槽拉伸切除的设置及预览效果

（11）两侧拉伸成形。选中【前视基准面】，单击【特征】选项卡中的【拉伸凸台/基体】按钮，进入草图绘制平面，绘制如图 3-214 所示的草图轮廓。

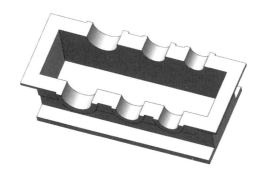

图 3-213　箱体槽切除完成图

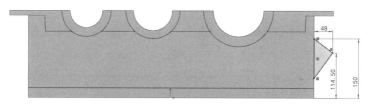

图 3-214　油压计平台草图轮廓

　　在草图绘制完成后，单击【草图确认角】中的【保存并退出】图标，退出草图绘制状态。单击【特征】选项卡中的【拉伸切除】按钮，弹出【凸台-拉伸】属性管理器，使用给定条件【两侧对称】，将拉伸设置为 60mm，如图 3-215（a）所示，其他采用默认设置，设置完成后单击【确定】按钮，生成实体，如图 3-215（b）所示。

（a）属性设置

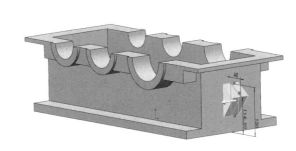

（b）预览效果

图 3-215　油压计平台拉伸的设置及预览效果

　　（12）拉伸切除底部凹槽。选中箱体后侧面，如图 3-216 所示。

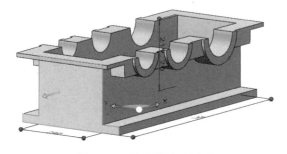

图 3-216　选中箱体后侧面

单击【特征】选项卡中的【拉伸切除】按钮，进入草图绘制界面，绘制如图 3-217 所示的草图轮廓。

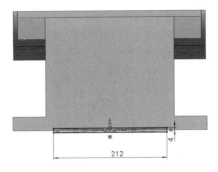

图 3-217　底部凹槽草图轮廓

在草图绘制完成后，单击【草图确认角】中的【保存并退出】图标，退出草图绘制状态。单击【特征】选项卡中的【拉伸切除】按钮，弹出【切除-拉伸】属性管理器，使用给定条件【完全贯穿】，其他采用默认设置，设置完成后单击【确定】按钮，生成实体，如图 3-218 所示。

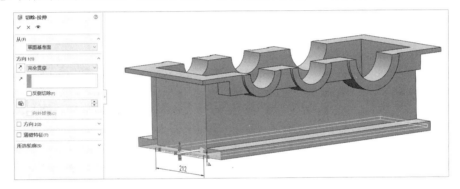

图 3-218　底部凹槽拉伸切除的设置及预览效果

（13）两侧拉伸成形起吊耳。选中【前视基准面】，单击【特征】选项卡中的【拉伸凸台/基体】按钮，进入草图绘制平面，绘制如图 3-219 所示的草图轮廓。

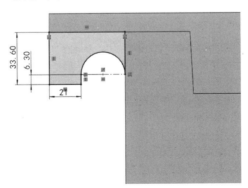

图 3-219　吊耳草图轮廓

在草图绘制完成后，单击【草图确认角】中的【保存并退出】图标，退出草图绘制状态。单击【特征】选项卡中的【拉伸切除】按钮，弹出【凸台-拉伸】属性管理器，使用给定条件【两侧对称】，将拉伸设置为 16mm，其他采用默认设置，如图 3-220 所示。设置完成后单击【确定】按钮，生成实体，如图 3-221 所示。

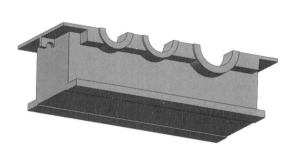

图 3-220　吊耳拉伸的设置　　　　　　　　　　图 3-221　吊耳拉伸的完成图

（14）镜向另一侧起吊耳。单击【特征】选项卡中的【镜向】按钮，弹出【镜向】属性管理器，按照如图 3-222 所示进行设置，设置完成后，单击【确定】按钮，生成实体。吊耳镜向的完成图如图 3-223 所示。

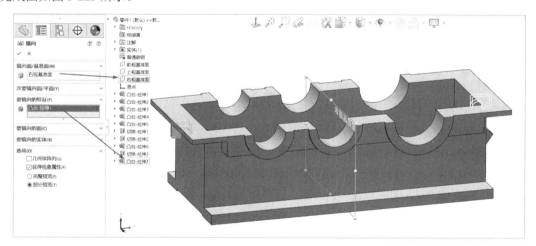

图 3-222　吊耳镜向的设置及预览效果

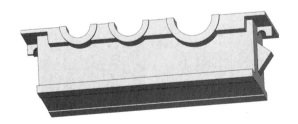

图 3-223　吊耳镜向的完成图

（15）创建筋特征。单击【前导视图】中的【观阅临时轴】图标，显示临时轴，如图 3-224 所示。

单击【特征】选项卡中的【参考几何体】按钮下面的下拉按钮，在弹出的下拉菜单中选择【基准面】命令，弹出【基准面】属性管理器，如图 3-225 所示，设置完成后单击【确定】按钮，生成如图 3-226 所示的基准面 1。

选中基准面 1，单击【特征】选项卡中的【筋】按钮，进入草图编辑模式，绘制如图 3-227 所示的草图。

（a）单击【观阅临时轴】图标

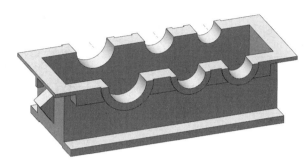

（b）临时轴

图 3-224　显示临时轴

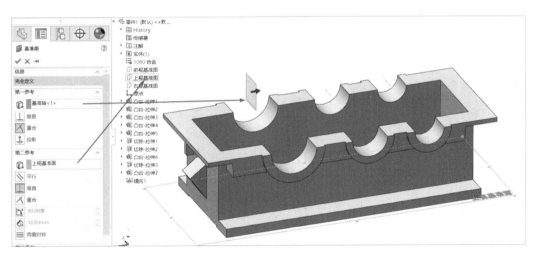

图 3-225　创建基准面的设置

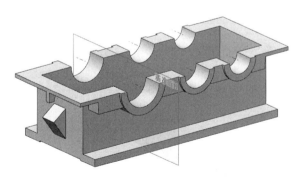

图 3-226　基准面 1

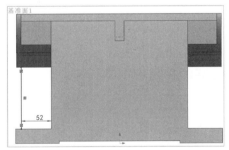

图 3-227　绘制筋草图

在草图绘制完成后，单击【草图确认角】中的【保存并退出】图标 ，退出草图绘制状态。单击【特征】选项卡中的【筋】按钮，弹出【筋 1】属性管理器，如图 3-228 所示。设置完成后单击【确定】按钮，生成筋特征，如图 3-229 所示。

（16）采用上述方法完成这一侧剩余的两条筋特征，如图 3-230 所示。

（17）镜向筋特征生成另一侧的 3 条筋。单击【特征】选项卡中的【镜向】按钮，弹出【镜向】属性管理器，按照如图 3-231 所示进行设置，设置完成后单击【确定】按钮，生成实体。

（a）属性设置

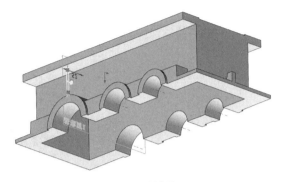

（b）预览效果

图 3-228　筋的设置及预览效果

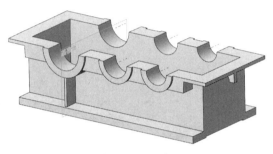

图 3-229　筋特征

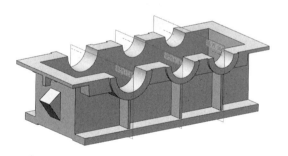

图 3-230　一侧筋的完成图

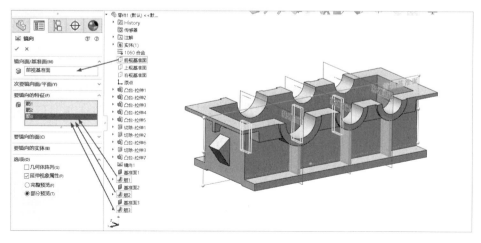

图 3-231　镜向筋的设置及预览效果

选中 FeatureManager 设计树中的【基准面 1】，右击【基准面 1】，在弹出的快捷工具栏中单击【隐藏】按钮，如图 3-232 所示，隐藏基准面，依次将【基准面 1】、【基准面 2】和【基准面 3】隐藏。单击【前导视图】中的【观阅临时轴】图标，如图 3-233 所示，取消显示模型上的临时轴，即隐藏临时轴，之后的模型如图 3-234 所示。

图 3-232　单击【隐藏】按钮

图 3-233　单击【观阅临时轴】图标

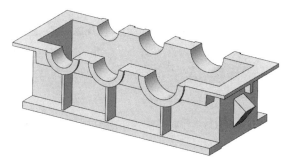

图 3-234　隐藏基准面和临时轴之后的模型

使用【异形孔向导】命令完成底座安装沉头孔。选中如图 3-235 所示的平面，单击【特征】选项卡中的【异形孔向导】按钮 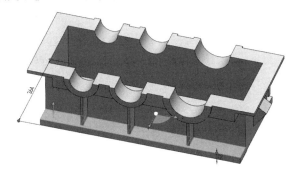 ，弹出【孔规格】属性管理器，按照如图 3-236 所示设置【孔类型】后，单击【位置】选项卡，进入位置草图编辑状态，绘制如图 3-237 所示的草图，在尺寸标注完成后，单击【确定】按钮，生成实体，如图 3-238 所示。

图 3-235　异形孔参考平面

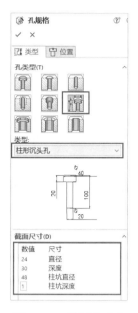

图 3-236　设置异形孔

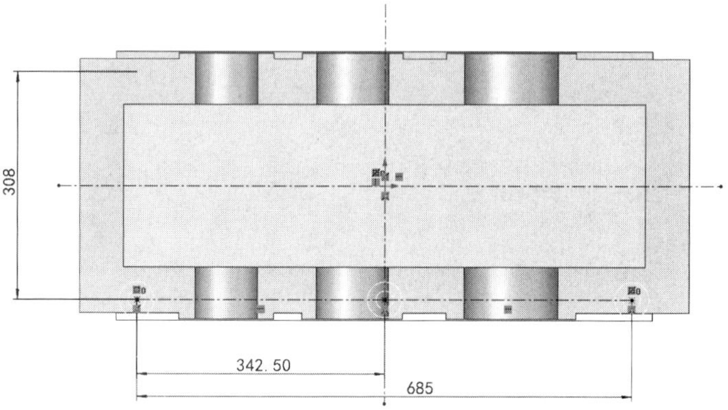

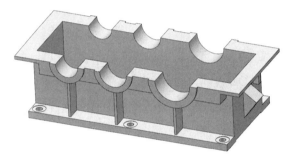

图 3-237　绘制草图并标注尺寸

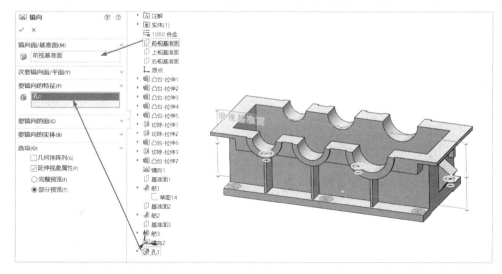

图 3-238　异形孔的完成图

（18）镜向孔特征，生成另一侧安装孔。单击【特征】选项卡中的【镜向】按钮，弹出【镜向】属性管理器，如图 3-239 所示。设置完成后单击【确定】按钮，生成实体，如图 3-240 所示。

图 3-239　镜向孔特征的设置及预览效果

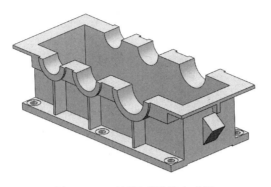

图 3-240　两侧异形孔的完成图

（19）使用【异形孔向导】命令完成上下箱体安装孔。选中如图 3-241 所示的平面，单击【特征】选项卡中的【异形孔向导】按钮 ，弹出【孔规格】属性管理器，将【孔类型】设置为如图 3-242 所示的形式。设置完成后单击【位置】选项卡，进入位置草图编辑状态，设置安装孔的位置，如图 3-243 所示在尺寸标注完成后，单击【确定】按钮，生成实体，如图 3-244 所示。

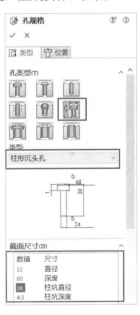

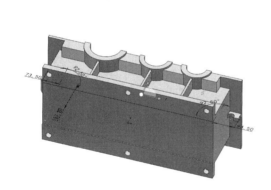

图 3-241　安装孔参考平面　　　　　　　　　　　图 3-242　设置安装孔

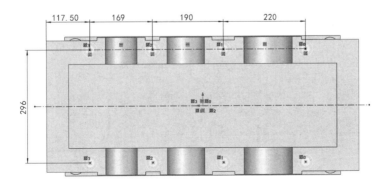

图 3-243　安装孔的位置

（20）绘制定位销孔。选中定位销孔参考平面，如图 3-245 所示。

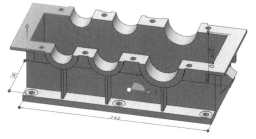

图 3-244　安装孔的完成图　　　　　　图 3-245　选中定位销孔参考平面

单击【特征】选项卡中的【拉伸切除】按钮，进入草图绘制平面，绘制如图 3-246 所示的草图。

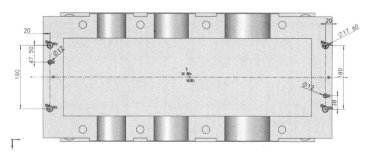

图 3-246　定位销孔草图

在草图绘制完成后，单击【草图确认角】中的【保存并退出】图标，退出草图绘制状态。单击【特征】选项卡中的【拉伸切除】按钮，弹出【切除-拉伸】属性管理器，使用给定条件【完全贯穿】，其他采用默认设置，如图 3-247 所示。设置完成后单击【确定】按钮，生成实体，如图 3-248 所示。

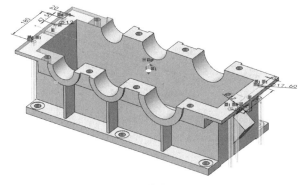

（a）属性设置　　　　　　　　　　　　（b）预览效果

图 3-247　定位销孔切除的设置及预览效果

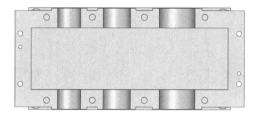

图 3-248　定位销孔的完成图

（21）绘制油压孔特征。单击【特征】选项卡中的【圆角】按钮 ，弹出【圆角】属性管理器，设置【圆角参数】组的半径为 30mm（见图 3-249），设置完成后单击【确定】按钮，生成实体。

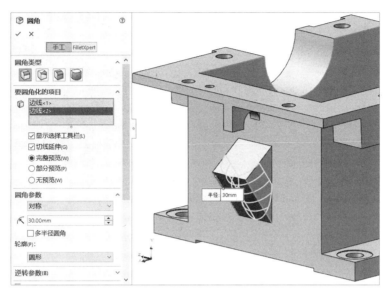

图 3-249　油压孔圆角的设置及预览效果

选中如图 3-250 所示的平面，单击【特征】选项卡中的【拉伸切除】按钮，直接进入草图绘制平面，绘制如图 3-251 所示的草图。

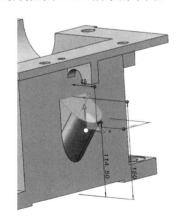

图 3-250　油压孔参考平面

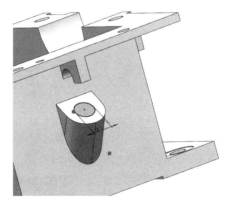

图 3-251　油压孔凹坑草图

▌提示：油压孔圆心在圆角形成的圆弧的圆心上。

在草图绘制完成后，单击【草图确认角】中的【保存并退出】图标 ，退出草图绘制状态。单击【特征】选项卡中的【拉伸切除】按钮，弹出【切除-拉伸】属性管理器，使用给定条件【给定深度】，深度设置为 2.5mm，如图 3-252（a）所示，其他采用默认设置，设置完成后单击【确定】按钮，生成实体，如图 3-252（b）所示。

再选中所绘制凹坑底部平面，单击【特征】选项卡中的【异形孔向导】按钮 ，弹出【孔规格】属性管理器，将【孔类型】设置为如图 3-253 所示的形式。设置完成后，单击【位置】选项卡，进入位置草图编辑状态，绘制如图 3-254 所示的草图，在尺寸标注完成后单击【确定】按钮，生成实体如图 3-255 所示。

（a）属性设置                （b）预览效果

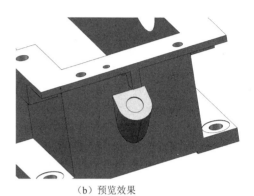

图 3-252    油压孔凹坑切除的设置及预览效果

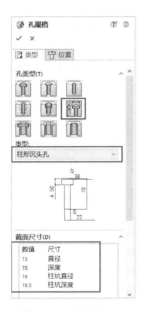

图 3-253    设置油压孔

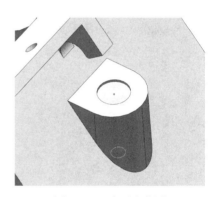

图 3-254    油压孔草图

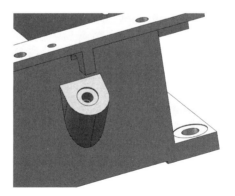

3-255    油压孔特征完成效果

（22）绘制泄油螺纹孔。选中如图 3-256 所示的平面，单击【特征】选项卡中的【异形孔向导】按钮，弹出【孔规格】属性管理器，将【孔类型】设置为如图 3-257 所示的形式，设置完成后单击【位置】选项卡，进入位置草图编辑状态，绘制如图 3-258 所示的草图，在尺寸标注完成后单击【确定】按钮，生成实体，如图 3-259 所示。

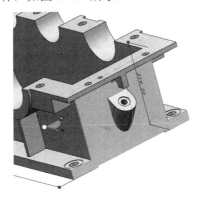

图 3-256　泄油螺纹孔参考平面

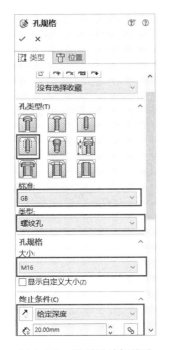

图 3-257　设置泄油螺纹孔

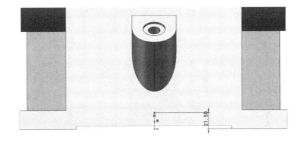

图 3-258　泄油螺纹孔定位草图

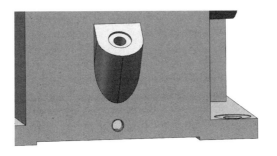

图 3-259　泄油螺纹孔的完成图

（23）使用【异形孔向导】完成两侧端盖安装螺纹孔，选中如图 3-260 所示的平面。

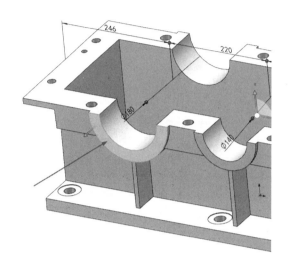

图 3-260　端盖安装螺纹孔平面

　　单击【特征】选项卡中的【异形孔向导】按钮，打开【孔规格】属性管理器，在设置【类型】选项后（见图 3-261），单击【位置】按钮，进入位置草图编辑状态，绘制如图 3-262 的草图，标注完成后，单击【确定】按钮，生成实体。

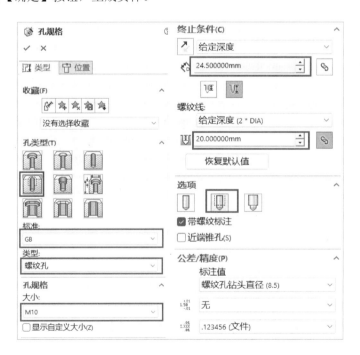

图 3-261　端盖安装螺纹孔参数

　　镜向特征，生成另一侧端盖安装螺纹孔。单击【特征】选项卡中的【镜向】按钮，弹出【镜向】属性管理器，按照如图 3-263 所示进行设置，单击【确定】按钮，生成实体。

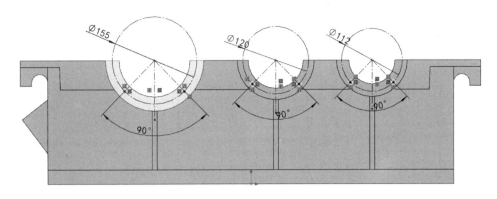

图 3-262　端盖安装螺纹孔草图

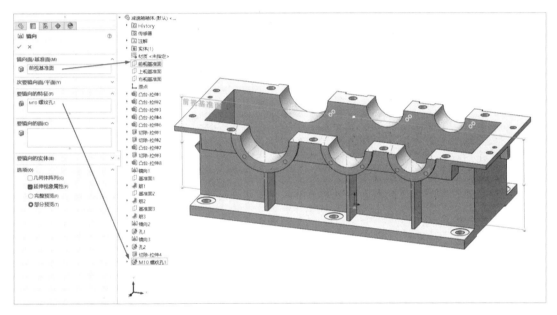

图 3-263　镜向两侧端盖安装螺纹孔

（24）倒圆角特征。按照图纸上的圆角尺寸为模型各处添加圆角特征，完成图如图 3-264 所示。

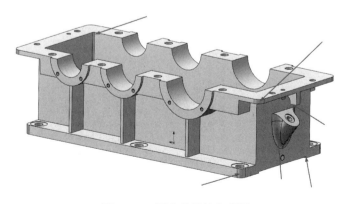

图 3-264　圆角特征的完成图

（25）添加材质。选中 FeatureManager 设计树中的【材质】并右击，在弹出的快捷菜单中选择【灰铸铁】命令，如图 3-265 所示，为零件添加材质。

座类复杂零件建模
（扫码看视频）

图 3-265　选择【灰铸铁】命令

　　**知识点**：如果右键菜单里没有所需要的材质，则选择【编辑材料】命令，打开【材料】对话框，如图 3-266 所示。在【材料】对话框中可以通过选择材质进行材质的编辑和调整。用户可以根据自己的需求，使用各种材质满足设计要求。

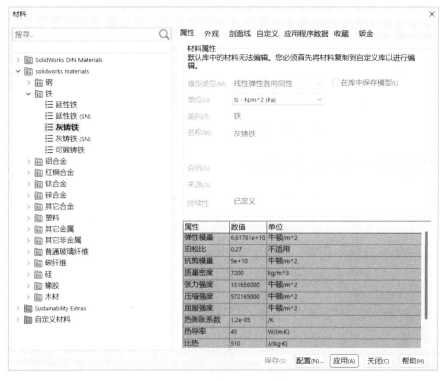

图 3-266　【材料】对话框

## 3.9　弹簧类零件的建模

设计思路

　　弹簧属于比较常见、结构比较特殊，并且用途很广泛的零件。对弹簧的建模不能仅仅局限于普通的圆柱弹簧，读者还需要掌握复杂弹簧的建模方法。

　　下面以图 3-267 中的弹簧为例讲解弹簧类零件的建模。

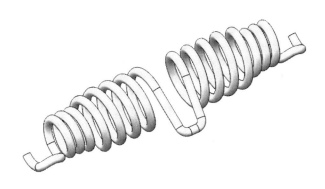

图 3-267　弹簧案例

任务步骤

### 1. 新建零件

　　新建 SolidWorks 文件。单击【新建】按钮，在弹出的【新建 SOLIDWORKS 文件】对话框中，先单击【零件】图标，再单击【确定】按钮，进入【零件】工作界面。

### 2. 创建螺旋线

　　（1）创建基准面。单击【特征】选项卡中【参考几何体】按钮下面的下拉按钮，在弹出的下拉菜单中选择【基准面】命令（见图 3-268），打开【基准面】属性管理器。

图 3-268　选择【基准面】命令

　　在【第一参考】组中选择【右视基准面】，将偏移距离设置为 2mm，如图 3-269 所示，单击【确定】按钮，完成基准面的创建，并且自动命名为【基准面 1】。

　　以【基准面 1】为草图绘制平面，绘制螺旋线基圆草图，如图 3-270 所示。

　　单击【草图确认角】中的【保存并退出】图标 ↵，退出草图绘制状态，如图 3-271 所示。

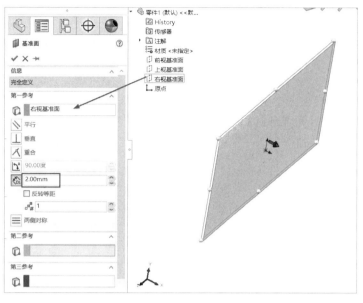

图 3-269　创建【基准面 1】

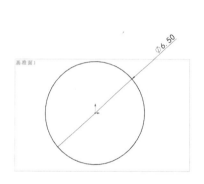

图 3-270　绘制螺旋线基圆草图

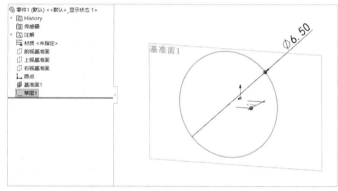

图 3-271　退出草图绘制状态

（2）创建螺旋线。选中绘制的螺旋线基圆草图，单击【特征】选项卡中【曲线】按钮下面的下拉按钮，在弹出的下拉菜单中选择【螺旋线/涡状线】命令（见图 3-272），弹出【螺旋线/涡状线】属性管理器，如图 3-273（a）所示。

将【定义方式】设置为【螺距和圈数】，并选中【参数】组中的【可变螺距】单选按钮，设置的【区域参数】如图 3-273（b）所示，将【起始角度】设置为 90°，选中【逆时针】单选按钮，其他采用默认设置，预览效果如图 3-274 所示。单击【确定】按钮，生成螺距不等的螺旋线。

图 3-272　选择【螺旋线/涡状线】命令

（a）【螺旋线/涡状线】属性管理器　　　　　　　　　（b）【螺旋线/涡状线 1】属性管理器

图 3-273　设置螺旋线参数

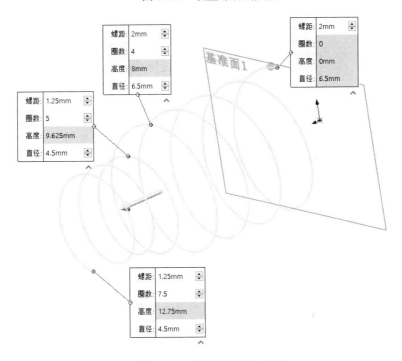

图 3-274　螺旋线的预览效果

### 3．创建投影曲线与组合曲线

（1）创建投影草图（一）。选择【前视基准面】作为草图绘制平面，绘制如图 3-275 所示的草图，并完成投影草图（一）的创建。

选择草图的直线端点和螺旋线，添加【穿透】几何约束关系，如图 3-276 所示。

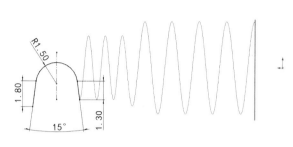

图 3-275　投影草图（一）　　　　　　　　　图 3-276　添加【穿透】几何约束关系

> **提示：**【穿透】是草图几何约束关系之一，要选择的实体为一个草图点和一个基准轴、一条边线、一条直线或一条样条曲线，所产生的几何约束关系为草图点与基准轴、边线或曲线在草图基准面上穿透的位置重合。【穿透】几何约束关系常用于使用引导线扫描中。

（2）创建投影草图（二）。选择【右视基准面】作为草图绘制平面，绘制如图 3-277（a）所示的草图，并完成投影草图（二）的创建，如图 3-277（b）所示。

> **提示：**按照如图 3-277 所示的方位绘制投影草图（二），如果草图方位发生错误，就会导致投影曲线发生错误或不能执行投影操作。

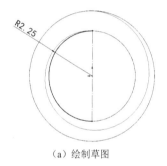
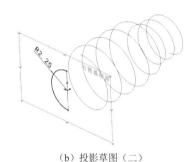

（a）绘制草图　　　　　　　　　　　　　（b）投影草图（二）

图 3-277　创建投影草图（二）

（3）设置投影曲线。单击【特征】选项卡中【曲线】按钮下面的下拉按钮，在弹出的下拉菜单中选择【投影曲线】命令，弹出【投影曲线】属性管理器，将【投影类型】设置为【草图上草图】，选择已完成的投影草图（一）和投影草图（二）（即 FeatureManager 设计树中的【草图 3】和【草图 4】）作为要投影的草图，如图 3-278 所示，单击【确定】按钮，完成投影曲线的设置，如图 3-279 所示。

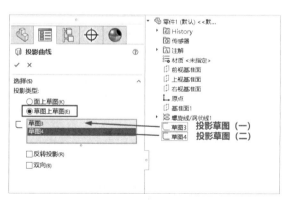

图 3-278　设置投影曲线

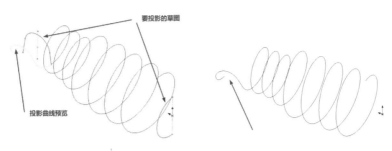

图 3-279　投影曲线预览及生成图

**提示：** 使用【投影曲线】属性管理器可以将绘制的曲线投影到模型曲面上，以生成一条空间曲线。也可以将两个基准面相交的草图曲线进行投影生成一条空间曲线。

（4）创建组合曲线。单击【基准面】按钮，弹出【基准面】属性管理器，在【第一参考】组中选择【上视基准面】，并选择【平行】几何约束关系；在【第二参考】组中选择螺旋线的起始端点，并选择【重合】几何约束关系，完成【基准面 2】的创建，如图 3-280 所示。

（a）属性设置

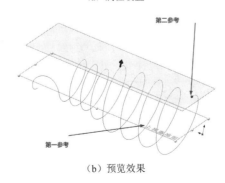

（b）预览效果

图 3-280　创建【基准面 2】

以【基准面 2】为草图绘制平面，绘制路径草图，如图 3-281 所示。

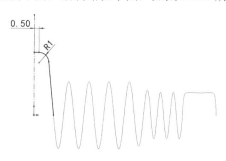

图 3-281　绘制路径草图

**提示**：绘制的草图无法完全约束，为草图和螺旋线添加【相切】几何约束关系与【穿透】几何约束关系即可将草图完全定义，如图 3-282 所示。

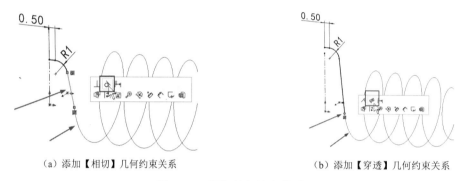

（a）添加【相切】几何约束关系　　　　　　　　（b）添加【穿透】几何约束关系

图 3-282　添加几何约束关系

单击【特征】选项卡中【曲线】按钮下面的下拉按钮，在弹出的下拉菜单中选择【组合曲线】命令，弹出【组合曲线】属性管理器，在【要连接的实体】组中依次选择路径草图、螺旋线与投影线，如图 3-283 所示，单击【确定】按钮，将 3 条曲线组合成 1 条曲线。

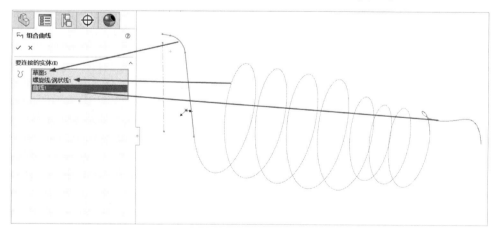

图 3-283　组合曲线

### 4．扫描生成的实体

（1）单击【特征】选项卡中的【扫描】按钮 ✍，弹出【扫描】属性管理器，展开【轮廓和路径】组，选中【圆形轮廓】单选按钮，【路径】选择已完成的组合曲线，将【直径】设置为 1mm，其他采用默认设置，如图 3-284 所示。单击【确定】按钮，扫描生成图，如图 3-285 所示。

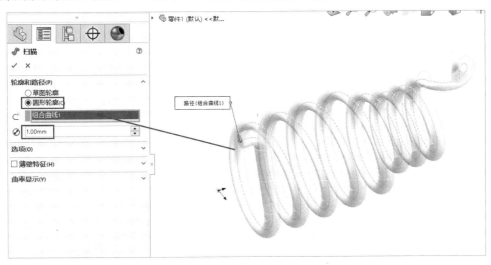

图 3-284　设置弹簧扫描属性

图 3-285　扫描生成图

（2）镜向实体，完成弹簧的创建。单击【特征】选项卡中的【镜向】按钮，弹出【镜向 1】属性管理器，将【镜向面/基准面】设置为【右视基准面】，【要镜向的实体】设置为生成的弹簧扫描实体，并勾选【选项】组中的【合并实体】复选框，其他采用默认设置，如图 3-286 所示。单击【确定】按钮，完成镜向特征，完成图如图 3-287 所示。

异形弹簧建模
（扫码看视频）

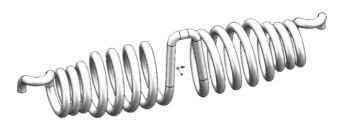

图 3-286　设置弹簧镜向属性　　　　　　　　　　图 3-287　弹簧的完成图

> **提示：** 使用【镜向】命令可以镜向面、特征和实体等，在使用时应根据模型的特点和实际需求进行选择。

## 3.10　异形件的建模

 **设计思路**

异形件在日常工作中比较常见，一般无法用常规的建模方法设计完成，必须借助【放样】命令等实现。异形件的构建需要考虑它的结构特点，创建好截面和引导线。

下面以如图 3-288 所示的通风管接口——塑壳件为例介绍【放样】命令的用法。

（a）进气口视角　　　　　　　　　　　　　　（b）通风口视角

图 3-288　通风管接口——塑壳件

 **任务步骤**

### 1．新建零件

（1）新建 SolidWorks 文件。单击【新建】按钮，在弹出的【新建 SOLIDWORKS 文件】对话框中，先单击【零件】图标，再单击【确定】按钮，进入【零件】工作界面。

（2）确定草图绘制基准面。选中【右视基准面】，新建草图，进入草图绘制平面。

### 2．绘制草图轮廓

（1）绘制定位草图。绘制通风管接口定位草图，如图 3-289 所示。

选中【上视基准面】，新建草图，绘制出风口草图，如图 3-290 所示。

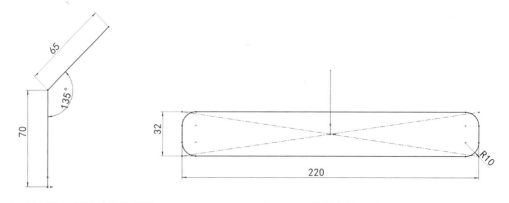

图 3-289　绘制通风管接口定位草图　　　　　　　图 3-290　绘制出风口草图

**提示**：使定位草图线穿透出风口草图中心点。如图 3-291 所示，在绘制出风口草图时，可以先在旁边绘制完成并标注好尺寸，再选择草图中心点和定位草图线，添加【穿透】几何约束关系。

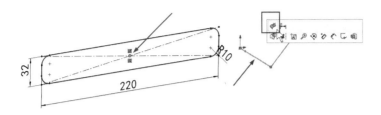

图 3-291　添加【穿透】几何约束关系

（2）创建轮廓草图。单击【特征】选项卡中【参考几何体】按钮下面的下拉按钮，在弹出的下拉菜单中选择【基准面】命令，弹出【基准面】属性管理器。在【基准面】属性管理器中，展开【第一参考】组，选择【上视基准面】，将偏移距离设置为 32mm，如图 3-292 所示，单击【确定】按钮，完成【基准面 1】的创建。

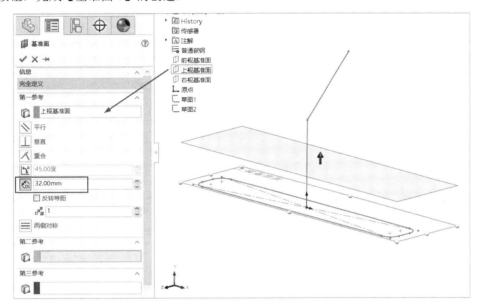

图 3-292　创建【基准面 1】

单击【基准面 1】创建草图，并完成通风口截面草图的绘制，如图 3-293 所示。

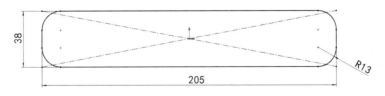

图 3-293　通风口截面草图

**提示**：使用【穿透】几何约束关系可以使定位草图线穿透截面草图中心点。

（3）绘制进风口草图。创建进风口草图基准面，单击【基准面】按钮，选择定位草图直线作为第一参考，添加【垂直】几何约束关系，选择草图端点作为第二参考，添加【重合】几何约束关系，如图 3-294 所示，单击【确定】按钮，完成【基准面 2】的创建。

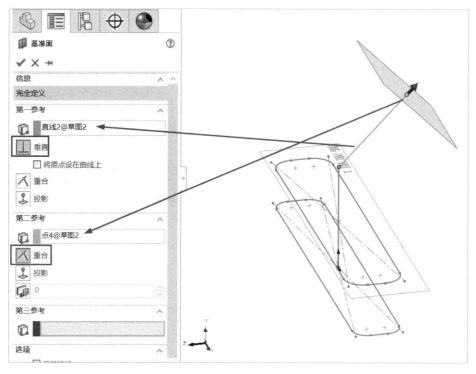

图 3-294    创建【基准面 2】

选择创建的【基准面 2】作为草图基准面，绘制如图 3-295 所示的进风口草图。

▎**提示**：如果草图方位发生错误，就会生成与进风口相反方向的零件，如图 3-296 所示。

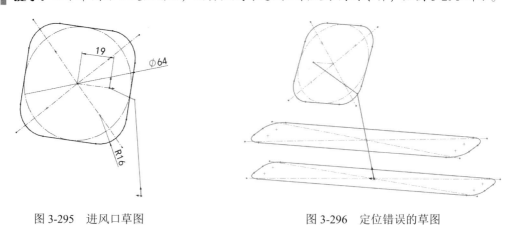

图 3-295    进风口草图

图 3-296    定位错误的草图

### 3. 放样生成通风管接口实体

单击【特征】选项卡中的【放样凸台/基体】按钮 ，弹出【放样】属性管理器。

在弹出的【放样】属性管理器中，展开【轮廓】组，依次选择出风口草图、通风口截面草图和进风口草图，如图 3-297 所示，单击【确定】按钮，完成放样通风口基体特征。

▎**提示 1**：勾选【薄壁特征】复选框可以直接生成薄壁结构，完成模型的创建。

**提示 2**：注意观察放样预览图，如果预览图未达到理想状态，那么可以通过拖动鼠标对放样接头进行调整，如图 3-298 所示。

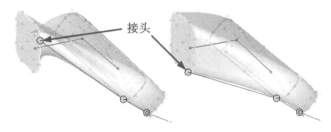

图 3-297　选择草图　　　　　　　　　　图 3-298　调整放样接头

**提示 3**：放样通过在轮廓之间进行过渡生成特征。放样可以是基体、凸台、切除或曲面。可以使用两个或多个轮廓生成放样。只有第一个或最后一个轮廓可以是点，这两个轮廓也可以均为点。单一 3D 草图可以包含所有草图实体（包括引导线和轮廓）。

### 4．创建抽壳完成模型

单击【特征】选项卡中的【抽壳】按钮，启动抽壳功能。在【抽壳 1】属性管理器中，将抽壳厚度设置为 3mm，如图 3-299（a）所示，选择如图 3-299（b）所示的两个面作为移除的面，单击【确认】按钮，完成抽壳特征的创建，如图 3-299（c）所示。单击【保存】按钮，完成通风口零件的创建。

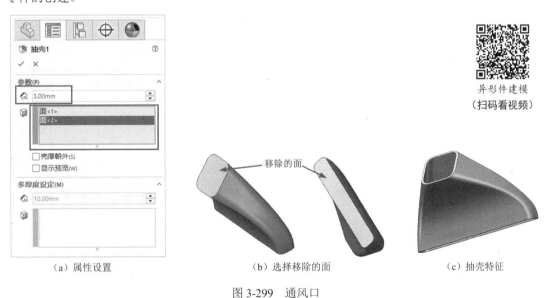

异形件建模
（扫码看视频）

（a）属性设置　　　　　　　　（b）选择移除的面　　　　　　　（c）抽壳特征

图 3-299　通风口

## 3.11　常见建模报错问题的处理

 设计思路

在绘图时经常遇到各种操作问题和报错问题，如图 3-300 所示。本节主要对常见的报错问题进行梳理，帮助读者了解如何修改出现的问题（如几何约束关系丢失、尺寸参考丢失和基准面丢失等）。

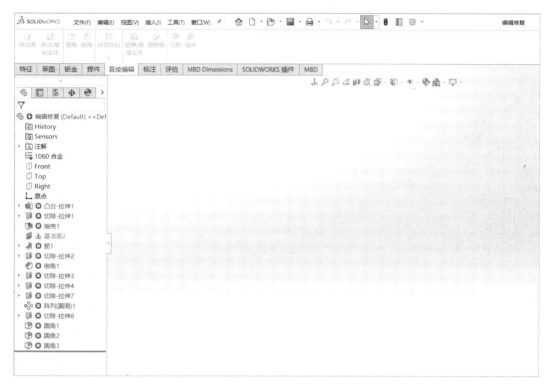

图 3-300　常见报错问题

彩色图

 任务步骤

### 1. 打开零件模型"编辑修复"

打开 SolidWorks 零件模型，编辑修复文件。单击快速工具栏中的【打开】按钮，在弹出的【打开 SolidWorks 文件】窗口中，选中编辑修复文件，单击【打开】按钮。

知识点：如果模型出现问题，就会通过 FeatureManager 设计树中各种命令的报错体现出来，即图 3-300 中的红色错误和黄色错误。

### 2. 修复出现的问题

（1）修复草图的使用。单击 FeatureManager 设计树中【凸台-拉伸 1】特征前面的三角符号显示出此特征的【草图 1】，选中并右击【草图 1】，在弹出的快捷工具栏中单击【编辑草图】按钮，进入此特征的草图编辑状态，如图 3-301 所示。

单击【草图】选项卡中的【修复草图】按钮 ，弹出【修复草图】提示框，如图 3-302（a）所示，显示有 3 个问题，当前处在 1/3 位置，同时在草图上出现一个放大镜图标，聚焦到出现的第一个问题上。在放大镜圆圈内单击，滚动鼠标滚轮放大此位置，发现这里不但多了线头而且没有闭合，如图 3-302（b）所示，将多余的线头删除，并将图形闭合，完成此处问题的修复。

单击【刷新】 按钮，切换到 1/2 位置，但没有出现放大镜图标，单击【下一个】按钮 ，放大镜会从远处拉近到图形上，如图 3-303（a）所示，在放大镜圆圈内单击，滚动鼠标滚轮放大问题所在位置，如图 3-303（b）所示，若发现多了一个线头，则选中此线头，按 Delete 键即可将其删除。

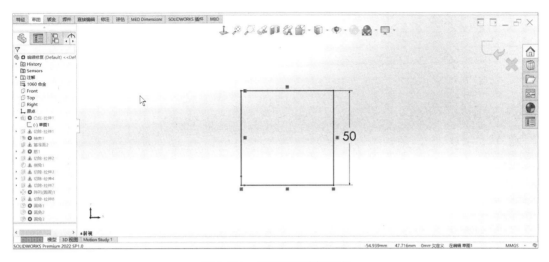

图 3-301　报错草图编辑状态

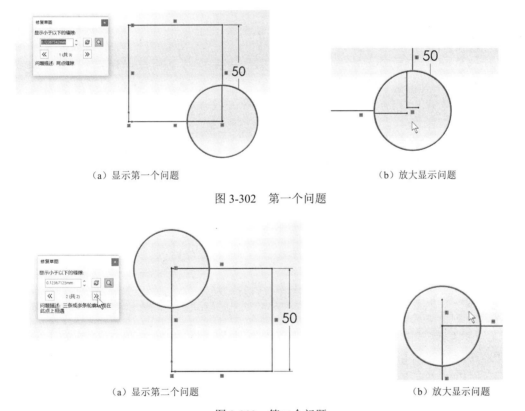

（a）显示第一个问题　　　　　　　　　　　　　　　　（b）放大显示问题

图 3-302　第一个问题

（a）显示第二个问题　　　　　　　　　　　　　　　　（b）放大显示问题

图 3-303　第二个问题

再次单击【下一个】按钮，放大镜会跳出当前视口，这说明在当前窗口外还有问题，单击【前导视图】中的【整屏显示全图】按钮，整屏显示草图全部内容，在远处看到放大镜，放大显示了一个点的位置，如图 3-304 所示。单击【显示放大镜】按钮，关闭放大镜，按住鼠标左键选择如图 3-305（a）所示的区域，选中这个点，按 Delete 键将其删除，再次单击【刷新】按钮，提示没有问题，此草图存在的问题通过【修复草图】工具全部修复完成。

单击【草图确认角】中的【保存并退出】图标，退出草图绘制状态，在弹出的提示框中单击【继续（忽略错误）】按钮，如图 3-305（b）所示，通过观察发现，【凸台-拉伸 1】特征的问题已修复，如图 3-305（c）所示。

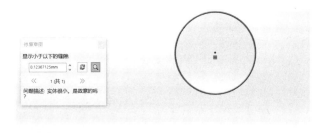

图 3-304　第三个问题

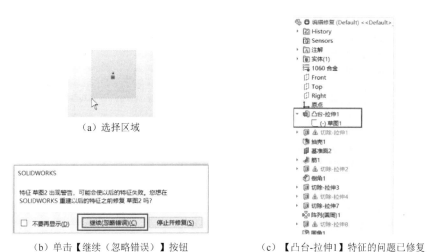

（a）选择区域

（b）单击【继续（忽略错误）】按钮　　（c）【凸台-拉伸1】特征的问题已修复

图 3-305　修复点的问题

**提示：** 在修复时应该先找到第一个存在问题的特征，从这里往后修复，不要从后往前修复。从前往后修复会发生连锁反应，后面相关联的特征在前面的特征问题解决后就会恢复正常，但是从后往前修复不具备自动修复的功能，容易造成关联的参考被修改。

（2）修复【切除-拉伸1】特征的问题（几何约束关系丢失问题）。选中并右击【切除-拉伸1】特征的【草图2】，如图 3-306（a）所示，在弹出的快捷工具栏中单击【编辑草图】按钮，如图 3-306（b）所示，进入草图编辑界面。

（a）选中并右击【切除-拉伸 1】特征　　（b）单击【编辑草图】按钮

图 3-306　进入【切除-拉伸 1】特征的【草图 2】

**提示**：单击草图时会提示草图出现的问题，如图 3-307 所示。

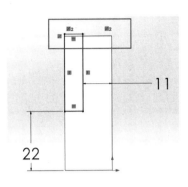

图 3-307　提示草图出现的问题

选中出错的【共线】几何约束关系 ▣2，按 Delete 键删除此几何约束关系后，重新选中草图直线和轮廓边线，单击快捷工具栏中的【使共线】按钮，如图 3-308（a）所示，重新为草图添加【共线】几何约束关系，完成草图的完全约束，如图 3-308（b）所示。

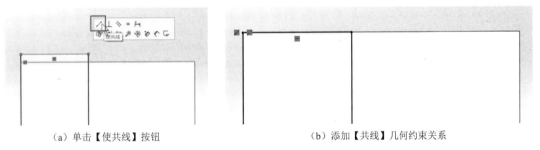

（a）单击【使共线】按钮　　　　　　　　　　（b）添加【共线】几何约束关系

图 3-308　约束修改

单击【草图确认角】中的【保存并退出】图标 ↳，退出草图绘制状态，在弹出的提示框中单击【继续（忽略错误）】按钮，通过观察发现，【切除-拉伸 1】特征的问题已修复。

（3）修复【切除-拉伸 2】特征的问题（草图绘制基准面遗失问题）。按照前面的操作，选中【草图 3】或将鼠标指针悬停在【草图 3】上，弹出如图 3-309 所示的提示框，进入草图编辑界面时发现草图内部没有问题，这说明问题不在草图内部。

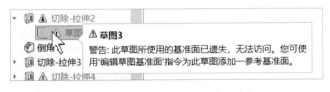

图 3-309　【草图 3】问题提示框

通过观察发现，草图起始位置悬空，如图 3-310（a）所示。此时，退出草图编辑界面，单击 FeatureManager 设计树中的【草图 3】，在弹出的快捷工具栏中单击【编辑草图平面】按钮，弹出【草图绘制平面】属性管理器，如图 3-310（b）所示，发现遗失基准面。展开【草图基准面/面】组，单击【消除选择】按钮，清除报错信息，选中如图 3-310（c）所示的平面作为【草图 3】重新添加的基准面，单击【确定】按钮，完成修改，在弹出的提示框中单击【继续（忽略错误）】按钮，通过观察发现，【切除-拉伸 2】特征的问题已修复。

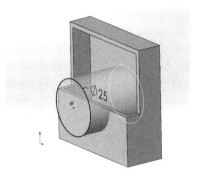

（a）草图起始位置悬空

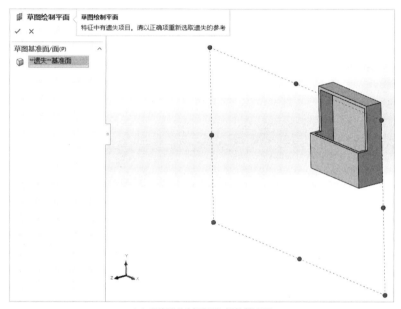

（b）【草图绘制平面】属性管理器

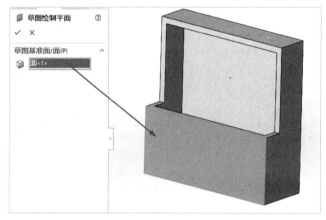

（c）添加基准面

图 3-310　修复遗失基准面问题

（4）修复【切除-拉伸 4】特征的问题（尺寸约束丢失问题）。按照上述方法，进入【草图 6】的草图编辑界面，如图 3-311（a）所示的尺寸呈现黄色状态，表明存在问题，选中存在问题的尺寸执行删除操作，重新为草图添加约束，如图 3-311（b）所示，完成此问题的修复。

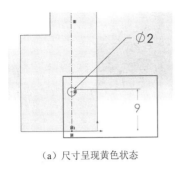
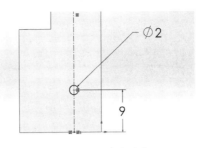

（a）尺寸呈现黄色状态　　　　　　　　　　　　（b）重新为草图添加约束

图 3-311　修复尺寸约束丢失问题

（5）修复【切除-拉伸 8】特征的问题（几何约束关系丢失问题）。弹出的提示框如图 3-312 所示。

进入【草图 13】的草图编辑界面，通过观察发现是因为丢失【同心】几何约束关系才出现了错误，如图 3-313 所示。

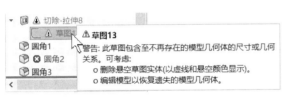

图 3-312　【草图 13】问题的提示框　　　　　图 3-313　丢失【同心】几何约束关系

删除出现错误的几何约束关系，重新为两个圆添加【同心】几何约束关系和【相等】几何约束关系，如图 3-314 所示，完全约束草图。完成此问题的修复，如图 3-315 所示。

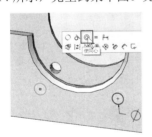
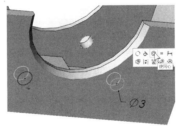

（a）添加【同心】几何约束关系

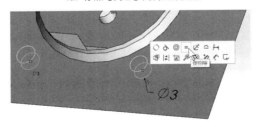

（b）添加【相等】几何约束关系

图 3-314　添加几何约束关系

（6）修复圆角错误。选中并右击【圆角 2】，在弹出的快捷工具栏中单击【编辑特征】按钮（见图 3-316），弹出【圆角 2】属性管理器，如图 3-317 所示。

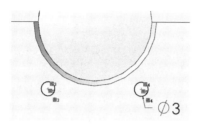

图 3-315 【草图 13】修复完成

图 3-316 单击【编辑特征】按钮

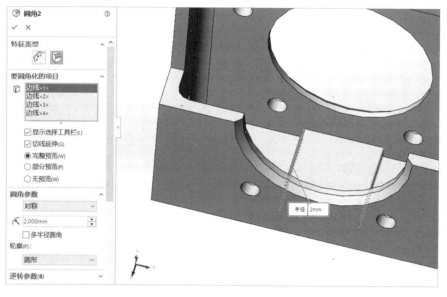

图 3-317 【圆角 2】属性管理器

单击【评估】选项卡中的【测量】按钮 🔍，测定两个平面之间的距离（距离为 2mm），如图 3-318（a）所示。对比圆角的半径，发现此处圆角偏大，无法一次直接将 4 个圆角都绘制成半径为 2mm 的圆角特征，所以将半径改为 1mm，如图 3-318（b）所示。单击【确定】按钮，完成圆角问题的修复，最终完成此模型全部问题的修复，如图 3-319 所示。

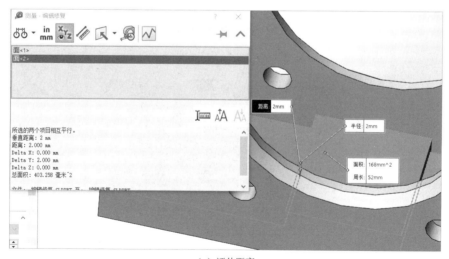

（a）评估距离

图 3-318 圆角问题的修复

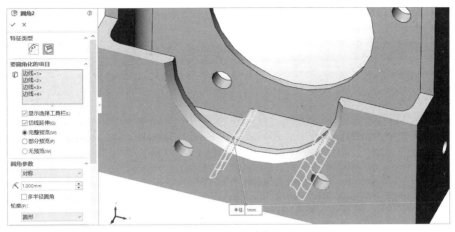

（b）修改平面高度

图 3-318　圆角问题的修复（续）

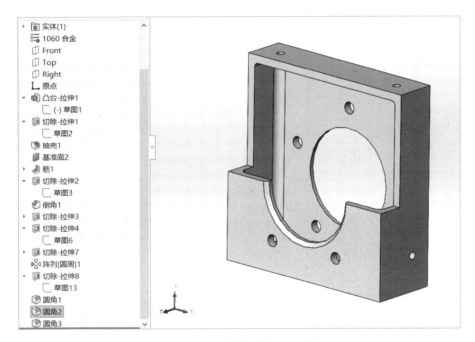

图 3-319　问题模型修复完成图

常见建模报错问题处理

（扫码看视频）

# 第 4 章　装配体组装

在 SolidWorks 中，装配体指的是多个零部件的有序组合，通过限制零部件的某些自由度来达到联动效果，类似于产品组装的过程。零部件间的装配主要使用配合工具完成，SolidWorks 中配合的类型如表 4-1 所示。

表 4-1　SolidWorks 中配合的类型

| 图　标 | 配合名称 | | 作　用 |
|---|---|---|---|
| | 标准配合 | 重合 | 约束所选零部件接触 |
| | | 平行 | 约束所选零部件平行，彼此之间保持等间距 |
| | | 垂直 | 约束所选零部件垂直，彼此之间成 90° |
| | | 相切 | 约束所选零部件相切，至少一个选定项必须为圆柱、圆锥或球面 |
| | | 同轴心 | 约束所选零部件同心，通常为圆柱、圆孔等回转体 |
| | | 锁定 | 约束两个零部件之间的相对位置和方向固定 |
| | | 距离 | 约束所选零部件按照指定距离放置 |
| | | 角度 | 约束所选零部件按照指定角度放置 |
| | 高级配合 | 轮廓中心 | 将矩形和圆形轮廓中心对齐 |
| | | 对称 | 使两个相同零部件绕基准面或平面对称 |
| | | 宽度 | 约束两组平面的中间面重合 |
| | 高级配合 | 路径配合 | 将零部件上所选的点约束到路径 |
| | | 线性/线性耦合 | 在一个零部件的平移和另一个零部件的平移之间建立几何关系 |
| | | 距离限制 | 允许零部件在距离配合的一定数值范围内移动 |
| | | 角度限制 | 允许零部件在角度配合的一定数值范围内移动 |
| | 机械配合 | 凸轮 | 使圆柱、基准面或点与一系列相切的拉伸面重合或相切 |
| | | 槽口 | 将螺栓或槽口运动约束在槽口孔内 |
| | | 铰链 | 将两个零部件之间的转动限制在一定的旋转范围内 |
| | | 齿轮 | 强迫两个零部件绕所选轴彼此相对旋转 |
| | | 齿条小齿轮 | 一个零部件（齿条）的线性平移引起另一个零部件（小齿轮）的圆周旋转 |

续表

| 图 标 | 配合名称 | | 作 用 |
|---|---|---|---|
|  | 机械配合 | 螺旋 | 将两个零部件约束为同心，并在一个零部件的旋转和另一个零部件的平移之间添加纵倾几何关系 |
| | | 万向节 | 一个零部件（输出轴）绕自身轴的旋转是由另一个零部件（输入轴）绕其轴的旋转驱动的 |

本章以机械爪（见图 4-1）模型装配为例介绍 SolidWorks 中装配的相关功能。

图 4-1　机械爪

本章的内容主要包括以下几点：创建新的装配体，在装配体中插入零部件，为零部件添加配合关系，管理和控制装配体，使用子装配体，以及在装配体中切换零部件的配置。

# 4.1　装配体动力机构

本节主要介绍如何创建装配体动力机构，如图 4-2 所示。

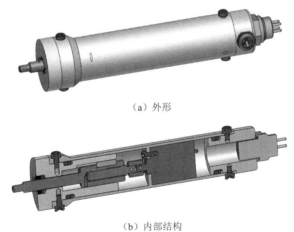

（a）外形

（b）内部结构

图 4-2　装配体动力机构

## 1. 新建装配体

单击【文件】菜单按钮，在弹出的下拉菜单中选择【新建】命令，打开【新建 SOLIDWORKS 文件】对话框。在该对话框中选择【gb_assembly】模板（见图 4-3），创建装配体文件，此时装配体自动激活【开始装配体】命令，并且打开【打开】对话框（见图 4-4）。

## 2. 在装配体中插入第一个零部件【主缸体】

在打开的【打开】对话框中，浏览【机械爪】文件夹，找到【主缸体】零部件并选中，单击【打开】按钮，如图 4-5 所示，此时在装配体视图窗口中会出现主缸体预览效果，单击【开始装配体】属性管理器中的【确定】按钮 ✓（见图 4-6），完成第一个零部件的插入。

图 4-3    选择【gb_assembly】模板

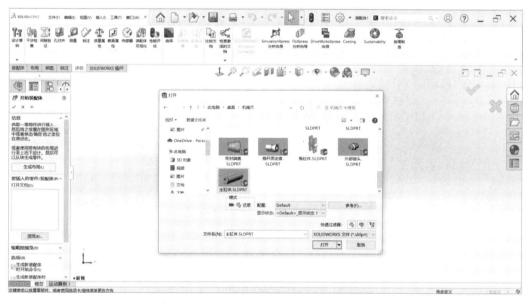

图 4-4    【打开】对话框

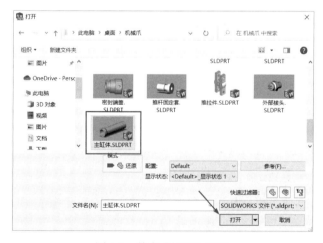

图 4-5    单击【打开】按钮

图 4-6    单击【确定】按钮

**提示 1**：选择【主缸体】作为第一个零部件并插入装配体中，是因为可以将【主缸体】视为机械爪的【基座】，从而与其他零部件进行配合，但它自身可以不动。

**提示 2**：采用此方法插入零部件后装配体设计树的变化体现在以下 3 个方面：第一，装配体设计树中记录了该零部件，如图 4-7 所示。第二，第一个插入装配体中的零部件的状态为【固定】，并且按照零部件的原点与装配体空间的原点进行重合。此时【主缸体】无法旋转和移动。第三，装配体的原点与零部件的原点重合，装配体的基准面和零部件的基准面重合。

**提示 3**：在某些装配体中，采用这种方法插入第一个零部件可以充分利用零部件和装配体原点重合的已有关系，为后续零部件的装配提供便利条件。

**提示 4**：物体在空间中具有 3 个旋转自由度和 3 个平移自由度，在设置为【固定】状态后，这 6 个自由度均被限制。可以把装配体看作一个大的空间，产品装配完成后需要限制它在空间中的位置，一般通过将产品的某些零部件直接固定，或者将零部件和装配体的原点、基准面添加配合来达到此目的。

图 4-7　装配体设计树

### 3. 插入【电机】零部件

单击【装配体】选项卡中的【插入零部件】按钮 ，如图 4-8 所示。

在【打开】对话框中浏览【机械爪】文件夹，找到【电机】零部件并打开。在视图窗口中移动鼠标指针，【电机】零部件将随着鼠标指针一起移动，在靠近【主缸体】零部件的空白位置单击，【电机】零部件被插入装配体中，如图 4-9 所示。

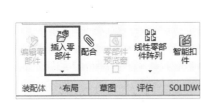

图 4-8　单击【插入零部件】按钮　　　　　图 4-9　放置【电机】零部件

**提示 1**：作为第二个插入装配体中的零部件，其状态是浮动的，即可以移动和旋转。

**提示 2**：零部件的移动和旋转：在装配体环境下通过鼠标左键选中零部件并移动鼠标指针可以实现零部件的平移，通过鼠标右键选中零部件的边线、面并转动鼠标指针可以实现零部件的单独旋转，调整方位添加配合。

**提示 3**：可以将【固定】状态的零部件设置为【浮动】，反之亦然。如果打算将固定的零部件设置为浮动，那么在 FeatureManager 设计树中选中零部件并右击，在弹出的快捷菜单中选择【浮动】命令即可，如图 4-10 所示。

**提示 4**：在一般情况下，装配前需要将零部件预放置在合理的位置。

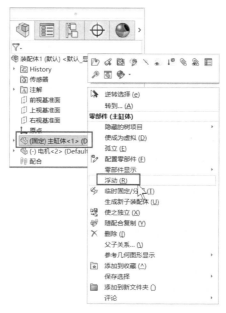

图 4-10　选择【浮动】命令

#### 4. 装配【电机】零部件

旋转【电机】零部件，并将该零部件移动到如图 4-11 所示的位置。

1）添加【同轴心】配合

单击【装配体】选项卡中的【配合】按钮 ，如图 4-12 所示，系统将弹出【配合】对话框。

图 4-11　旋转并移动【电机】零部件

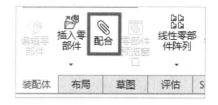

图 4-12　单击【配合】按钮

如图 4-13 所示，先在【配合类型】组中选择【同轴心】选项，再在【配合选择】组中选择两个圆柱面，以添加【同轴心】配合，单击【确定】按钮 ✓，完成配合类型的添加。

2）继续添加【同轴心】配合

为了查看和配合装配体，有时需要使用【剖面视图】命令进行辅助设计。单击【剖面视图】按钮 🗔，使用默认的前视基准面对模型进行剖切，如图 4-14 所示。

如图 4-15 所示，适当调整【联轴器】的位置，并对两个孔面添加【同轴心】配合，使【电

机】零部件的安装孔与【主缸体】零部件的安装孔同心对齐。再次单击【剖面视图】按钮即可退
出剖视状态，这里暂时不退出剖视状态。

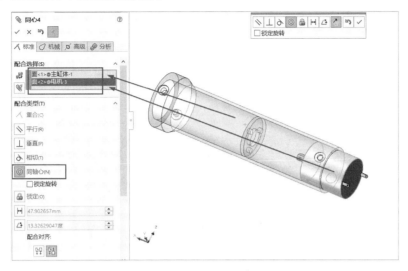

图 4-13　添加【同轴心】配合 1

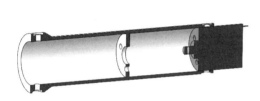

图 4-14　剖切模型

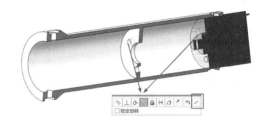

图 4-15　添加【同轴心】配合 2

3）添加【重合】配合

　　如图 4-16 所示，先在【配合类型】组中选择【重合】选项，再在【配合选择】组中选择如
图 4-15 所示的孔面，以添加【重合】配合，单击【确定】按钮 ✓，完成配合类型的添加，如
图 4-17 所示，单击【剖面视图】按钮退出剖视状态。

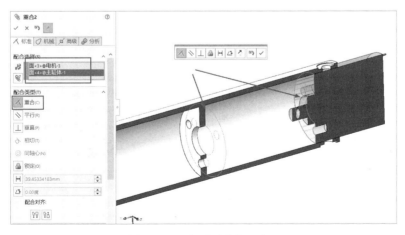

图 4-16　添加【重合】配合 1

图 4-17　完成【主缸体】零部件与【电机】零部件的配合

### 5. 装配【联轴器】零部件

1）插入【联轴器】零部件

单击【插入零部件】按钮，选择【联轴器】零部件，先将其放置到如图 4-18 所示的位置，再旋转到合适的角度。

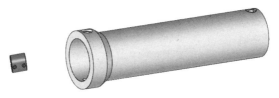

图 4-18　插入【联轴器】零部件

2）为【联轴器】零部件添加配合关系

先单击【配合】按钮，再单击【联轴器】零部件和【主缸体】零部件的圆周面，如图 4-19 所示，程序自动指向【重合】配合，单击【确定】按钮，完成配合的添加。

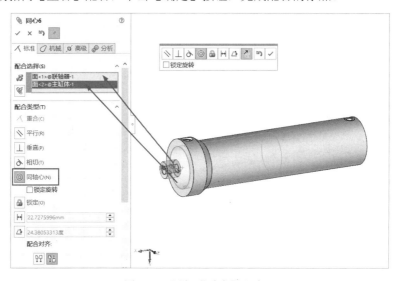

图 4-19　添加【重合】配合 2

单击【剖面视图】按钮 ，显示如图 4-20 所示的剖面视图。

图 4-20　剖面视图

选择如图 4-21 所示的两个孔的圆周面，为【联轴器】零部件添加【同轴心】配合。再次单击【剖面视图】按钮，退出剖视状态。

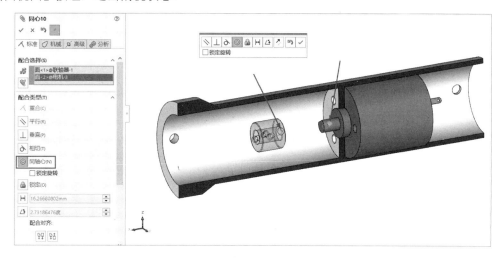

图 4-21　添加【同轴心】配合 3

### 6. 装配【销轴 Φ1.5】零部件

浏览【机械爪】文件夹，找到【销轴 Φ1.5】零部件并添加到装配体中。将【销轴 Φ1.5】零部件放置到合适的位置，如图 4-22 所示，单击【确定】按钮。

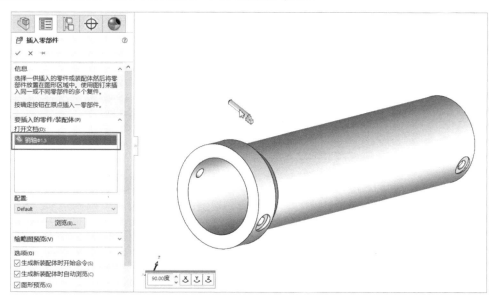

图 4-22　插入【销轴 Φ1.5】零部件

接下来将销轴装配到联轴器的安装孔中，因为【主缸体】零部件的遮挡，不易添加配合。因此，此处采用隐藏主缸体的方法完成销轴的配合。如图 4-23 所示，单击【主缸体】零部件，在弹出的快捷工具栏中单击【隐藏】按钮 。此时，【主缸体】零部件在视图窗口中隐藏。如图 4-24 所示，适当调整销轴的位置，并对两个孔面添加【同轴心】配合，结果如图 4-25 所示。

快速添加【相切】配合。按住 Ctrl 键，依次选择销轴端面和联轴器圆柱面，松开 Ctrl 键，在弹出的快捷工具栏中单击【相切】按钮 ，添加【相切】配合，如图 4-26 所示。

图 4-23　隐藏【主缸体】零部件

图 4-24　添加【同轴心】配合 4

图 4-25　配合结果

图 4-26　添加【相切】配合

> **提示**：按住 Ctrl 键，依次选择需要添加配合关系的零部件相对应的面，松开 Ctrl 键时不要移动鼠标指针，在弹出的快捷工具栏中单击相对应的配合关系即可完成配合的添加。

### 7．装配【螺旋动力杆】零部件

将【螺旋动力杆】零部件添加到装配体中，配置选择【Default】，添加两个【同轴心】配合，如图 4-27 所示。将另一个【销轴 Φ1.5】零部件插入装配体中并添加配合。

### 8．装配【螺旋推杆】零部件

将【螺旋推杆】零部件插入装配体中，添加【同轴心】配合，如图 4-28 所示。

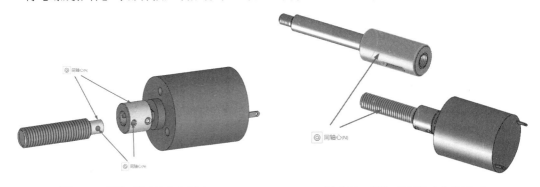

图 4-27　添加【同轴心】配合 5　　　　　　　图 4-28　添加【同轴心】配合 6

添加【距离】限制配合，如图 4-29 所示。单击【配合】按钮 ⊗，使用高级配合，单击【距离】按钮 ↦，在【配合选择】组中选择联轴器与螺旋推杆的两个端面。设置最大值为 11.5mm，最小值为 1.5mm，单击【确定】按钮。

> **提示**：添加完【距离】限制配合后，【螺旋推杆】零部件就可以沿着轴线移动，移动范围由最大值和最小值确定。

### 9．装配【键】零部件

将【键】零部件插入装配体中，为【键】零部件和【螺旋推杆】零部件添加【重合】配合，如图 4-30 所示。在【配合】属性管理器中，单击【重合】按钮 人，选择两个平面添加【重合】

配合，单击【确定】按钮，完成配合的添加。

> **提示：** 如图 4-31 所示，勾选【配合】属性管理器的【选项】组中的【显示预览】复选框，在选中两个零部件的对应面及约束关系后，系统会通过智能推断进行配合。如果不勾选【显示预览】复选框，那么零部件只有在单击【确定】按钮后才会进行相关的配合动作。

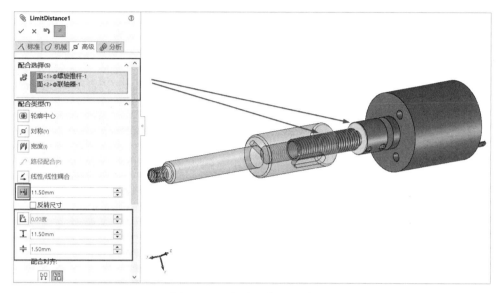

图 4-29　添加【距离】限制配合

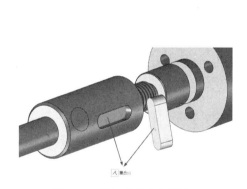

图 4-30　添加【重合】配合 3

图 4-31　勾选【显示预览】复选框

如图 4-32 所示，在添加上一步的【重合】配合时，【键】零部件配合后的位置可能和所需要的是相反的（是否相反由两个配合零部件的初始位置决定），产生错误的装配方式。在没有关闭【配合】属性管理器之前，可以通过切换【配合对齐】的方式完成装配方向的切换，如图 4-33 所示。

如果已经退出【配合】属性管理器，就需要编辑【重合】配合，完成修改。已经添加的配合存储在装配体设计树的【配合】文件夹中，如图 4-34 所示。

如图 4-34 所示，找到已经添加的【重合】配合并右击，在弹出的快捷菜单中选择【反转配合对齐】命令（见图 4-35），完成配合的修改。

另一种修改方法是单击【编辑特征】，返回如图 4-36 所示的界面进行修改。添加如图 4-37 所示的【平行】配合和【同轴心】配合。

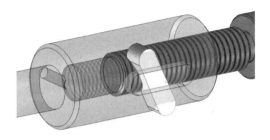

图 4-32　反向的装配

图 4-33　切换配合方向

图 4-34　装配体设计树的【配合】文件夹

图 4-35　选择【反转配合对齐】命令

图 4-36　【同轴心】属性管理器

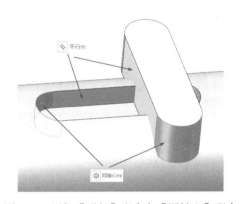

图 4-37　添加【平行】配合和【同轴心】配合

## 10．装配【推杆固定套】零部件

将【推杆固定套】零部件插入装配体中，添加如图 4-38 所示的【同轴心】配合。

选择键侧平面与键槽侧平面，添加【平行】配合，如图 4-39 所示。

如图 4-40 所示，右击 FeatureManager 设计树中的【主缸体】，在弹出的快捷工具栏中单击【显示零部件】按钮 ，在视图窗口中将重新显示【主缸体】零部件。

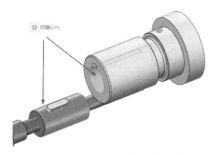

图 4-38　添加【同轴心】配合 7

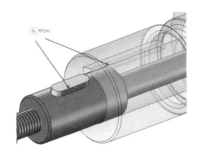

图 4-39　添加【平行】配合

图 4-40　单击【显示零部件】按钮

### 11. 装配【O 型圈 Φ22×16】零部件与【垫片 Φ22×16】零部件

将【O 型圈 Φ22×16】零部件和【垫片 Φ22×16】零部件分别插入装配体中。

如图 4-41 所示，为【O 型圈 Φ22×16】零部件和【垫片 Φ22×16】零部件使用合理的配合类型进行装配。

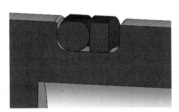

（a）【O 型圈 Φ22×16】零部件与
【垫片 Φ22×16】零部件

（b）装配【O 型圈 Φ22×16】零部件

（c）装配【垫片 Φ22×16】零部件

图 4-41　装配【O 型圈 Φ22×16】零部件与【垫片 Φ22×16】零部件

将【推杆固定套】零部件移动到如图 4-42 所示的位置。保证【推杆固定套】零部件与【主缸体】零部件的两个螺钉孔，以及【推杆固定套】零部件的密封圈槽都可见。

图 4-42　移动【推杆固定套】零部件

如图 4-43 所示，为【推杆固定套】零部件和【主缸体】零部件添加【同轴心】配合。

**提示**：如图 4-44 所示，在【系统选项】列表框中选择【信息/错误/警告】选项，对保存通知进行设定，如果文件未被保存，那么系统会用提示信息提示用户保存文件。

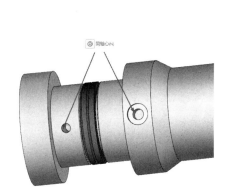

图 4-43　添加【同轴心】配合 8

图 4-44　保存通知

**12．使用【Toolbox】标准件库，安装螺钉**

如图 4-45 所示，勾选【插件】对话框中的【SOLIDWORKS Toolbox Library】复选框。

如图 4-46 所示，单击任务窗格中的【设计库】按钮，在打开的【设计库】面板中依次展开【Toolbox】→【GB】→【螺钉】→【凹头螺钉】，选择【内六角圆柱头螺钉 GB/T 70.1-2000】[①]选项。

图 4-45　勾选【SOLIDWORKS Toolbox Library】复选框

图 4-46　选择标准件

---

① 现行标准为《内六角圆柱头螺钉》（GB/T 70.1—2008）。

　　按住鼠标左键拖动该螺钉并靠近安装孔的圆柱面，Toolbox 中的标准件会自动与孔配合，松开鼠标左键，此时在属性管理器中可以更改螺钉的相关参数，如将【大小】设置为【M3】，【长度】设置为【8】，如图 4-47 所示，单击【确定】按钮。在主缸体另外一侧的孔上继续添加该螺钉。

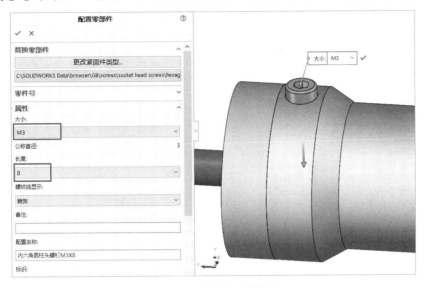

图 4-47　设置机械螺钉

**提示 1**：在添加螺钉的过程中可以通过 Tab 键切换螺钉方向。

**提示 2**：在螺钉添加结束后，可以通过手动方式继续添加配合。

**提示 3**：Toolbox 中的标准件可以在装配体多个相同的孔上连续添加。

### 13．继续添加电机固定螺钉

　　单击【剖面视图】按钮 ，使用默认的前视基准面对模型进行剖切，如图 4-48 所示，使电机安装孔的位置能被看到。

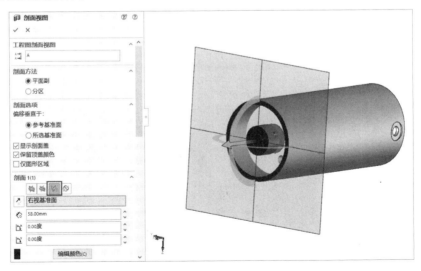

图 4-48　剖切模型

　　在【设计库】面板中选择【内六角圆柱头螺钉 GB/T 70.1-2000】选项。按住鼠标左键拖动该螺钉使其靠近安装孔的圆柱面，Toolbox 中的标准件会自动与孔配合，松开鼠标左键，此时在属性管理器中可以更改螺钉的相关参数，如将【大小】设置为【M2.5】，【长度】设置为【6】，如图 4-49 所示，单击【确定】按钮。继续单击另外两个孔为其添加螺钉。

图 4-49　装配内六角螺钉

　　也可以使用【圆周零部件阵列】命令进行操作。单击【装配体】选项卡中的【线性零部件阵列】按钮下面的下拉按钮，在弹出的下拉菜单中选择【圆周零部件阵列】命令（见图 4-50），弹出【圆周阵列】属性管理器，进行如图 4-51 所示的设置，完成螺钉的添加。

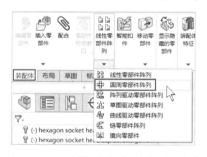

图 4-50　选择【圆周零部件阵列】命令

动力机构装配
（扫码看视频）

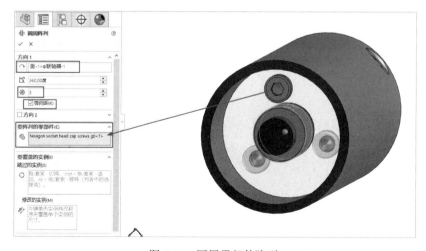

图 4-51　圆周零部件阵列

保存装配体，并将其命名为【动力机构】，单击【剖面视图】按钮退出剖视状态。

**提示**：在实际工作中，经常对文件进行保存是很好的习惯。由于各种因素，三维设计工具会出现崩溃或卡死的状态，经常保存有助于减少损失（即使设置了自动保存）。

## 4.2　装配机械爪

本节主要介绍装配机械爪的其他部件，以完成【机械爪】总装配体的设计，如图 4-52 所示。

图 4-52　机械爪

### 1. 新建装配体

使用【gb_assembly】模板新建装配体，将新建的装配体命名为【机械爪】并保存装配体文件。

### 2. 在新建的装配体中插入【动力机构】装配体

将【动力机构】装配体插入【机械爪】装配体中，确保两个装配体的原点和基准重合。

**提示 1**：机械爪是最终设计的装配体，此处将机械爪称为总装配体。

**提示 2**：动力机构作为机械爪的一部分，称为子装配体。如图 4-53 所示，在实际的设计工作中，一个总装配体由多个不同功能的子装配体组成。

### 3. 装配【机械手腕】零部件

将【机械手腕】零部件插入装配体中。

如图 4-54 所示，为【机械手腕】添加【同轴心】配合和【轮廓中心】配合。

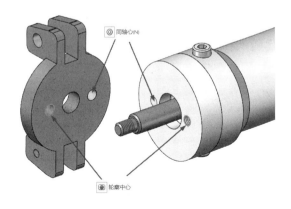

图 4-53　总装配体与子装配体　　　图 4-54　添加【同轴心】配合和【轮廓中心】配合

**提示 1**：添加【轮廓中心】配合需要选取圆形边线，其约束效果与一个【重合】配合加一个【同轴心】配合的效果一致。

**提示 2**：也可以使用【同轴心】配合和【重合】配合完成操作。

在【Toolbox】中依次选择【GB】→【螺钉】→【凹头螺钉】→【内六角沉头螺钉 GB/T 70.3-2000】选项，将螺钉参数的【大小】设置为【M3】，【长度】设置为 12mm。螺钉的位置如图 4-55 所示。

**提示**：当安装的两个螺钉的规格一致时，在安装完一个后，可以快速复制出相同的螺钉。

复制操作的方法如下：按住 Ctrl 键，选中螺钉上的一个面，按住鼠标左键将其向外拖动，找到合适的位置后先松开鼠标左键，再松开 Ctrl 键，此时就会复制出一个螺钉，这比重新浏览添加的效率高。

将【O 型圈 Φ10×6】零部件和【垫片 Φ10×6】零部件插入装配体中，并使用合理的配合类型进行装配，如图 4-56 所示，这里不再赘述。

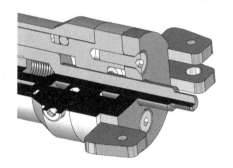 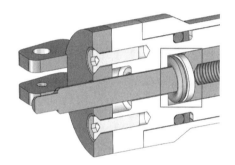

图 4-55　螺钉的位置 1　　　图 4-56　装配【O 型圈 Φ10×6】零部件和
【垫片 Φ10×6】零部件

### 4. 装配【滑块】零部件、【机械手指】零部件和【螺钉转轴】零部件

依次将【滑块】零部件、【机械手指】零部件和【螺钉转轴】零部件添加到装配体中并添加配合。添加【同轴心】配合和【重合】配合，如图 4-57 所示，将滑块装配完成。在装配完成后，滑块可以绕着螺旋推杆旋转。

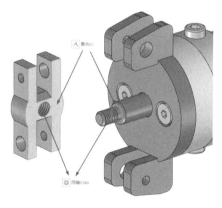

图 4-57　装配滑块

在添加配合的过程中不仅可以通过隐藏和显示模型来加速装配速度，还可以采用【孤立】的方式。

在装配体设计树上，按住 Ctrl 键连续选择【机械手腕】、【滑块】、【机械手指】和【螺钉转轴】4 个零部件。在视图窗口的空白区域右击，在弹出的快捷菜单中选择【孤立】命令，如图 4-58 所示。此时，视图窗口中只显示上面选择的零部件，其他零部件被隐藏。

图 4-58　选择【孤立】命令

使用【宽度】配合装配【机械手指】零部件。如图 4-59 所示，启动【配合】工具，单击【高级】选项卡，将【配合类型】设置为【宽度】，接下来在【宽度选择】列表框中选择机械手指的一组面，在【薄片选择】列表框中选择机械手腕的一组面，将【约束】设置为【中心】，单击【确定】按钮。

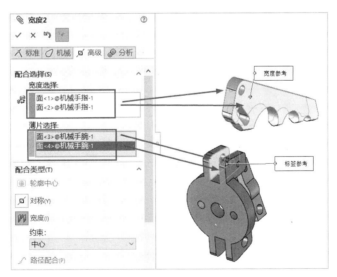

图 4-59　宽度配合

**提示：**【宽度选择】列表框和【薄片选择】列表框中的面可以互换。为【宽度】配合添加规则就是取一个模型的两个平面和另一个模型的两个平面。添加【宽度】配合也可以使用快捷方式，连续选择两个模型的四个平面即可。

如图 4-60 所示，为【机械手腕】零部件和【机械手指】零部件添加【宽度】配合。
如图 4-61 所示，为【机械手腕】零部件和【机械手指】零部件添加【同轴心】配合。

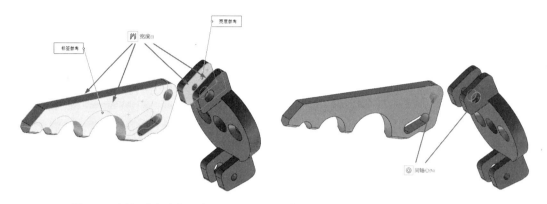

图 4-60　添加【宽度】配合　　　　　　　图 4-61　添加【同轴心】配合

如图 4-62 所示，为【螺钉】零部件和【机械手腕】零部件添加【同轴心】配合及【重合】配合。

装配完成后发现螺钉转轴长度不够，如图 4-63 所示。

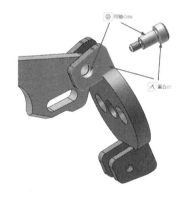
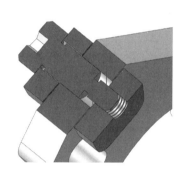

图 4-62　添加【同轴心】配合及【重合】配合　　　　图 4-63　螺钉状态

此时需要调整螺钉转轴的配置进行匹配。调整螺钉的步骤如下：选中螺钉转轴并右击，在弹出的快捷工具栏中单击【配置】下拉按钮，螺钉转轴配置为【4mm Dia-8 Sh Len】，如图 4-64 所示，单击【确定】按钮，如图 4-65 所示，完成配置切换。

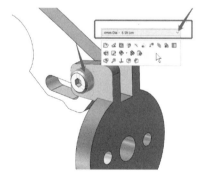
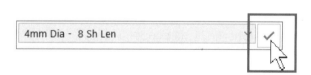

图 4-64　调整螺钉　　　　　　　　　　图 4-65　单击【确定】按钮

**提示：** 随配合复制：在对一个零件进行多次重复装配并且配合类型不变的情况下，可以使用【随配合复制】命令。接下来使用【随配合复制】命令将螺钉转轴复制并装配到滑块上。

如图 4-66 所示，在设计树或视图窗口中右击螺钉转轴，在弹出的快捷菜单中选择【随配合复制】命令。

如图 4-67 所示，单击【随配合复制】属性管理器中的【下一步】按钮。

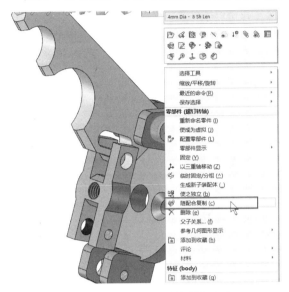

图 4-66　选择【随配合复制】命令　　　　图 4-67　【随配合复制】中的【下一步】按钮

如图 4-68 所示，选取滑块的两个面用于替换原来的【同轴心】配合和【重合】配合。单击【确定】按钮，螺钉转轴被快速复制并配合。如果零部件被放到同一个平面上，则【重合】配合可以勾选【重复】复选框，否则不需要再选择【重复】的平面。

如图 4-69 所示，单击【退出孤立】按钮，视图窗口中将显示所有零件。

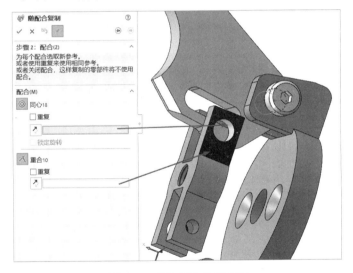

图 4-68　选取滑块的两个面　　　　　　图 4-69　单击【退出孤立】按钮

**提示：** 在子装配体【动力机构】中，螺旋推杆具有沿轴向移动的自由度，但是在总装配体【机械爪】中这个自由度会被限制，如果拖动螺旋推杆，那么系统将提示【所选的零部件为固定的，无法被移动】，只有将子装配体【动力机构】设置为柔性，才能重新启用轴向移动的自由度。

将子装配体【动力机构】设置为柔性，如图 4-70 所示，单击【动力机构】，在弹出的快捷工具栏中单击【使子装配体为柔性】按钮 ，这样螺旋推杆就可以沿轴向移动。

如图 4-71 所示，继续为【机械手指】零部件和【螺钉转轴】零部件添加【槽口】配合。单击
【装配体】选项卡中的【配合】按钮，弹出【配合】窗格，展开【机械配合】组，在展开的【机械
配合】组中单击【槽口】按钮 🔗，在【配合选择】列表框中选择螺钉转轴圆柱面与机械手指槽口
面，将【约束】设置为【自由】（见图 4-72），单击【确定】按钮。此时，拖动滑块，螺钉可以在
机械手指的槽口内自由移动。

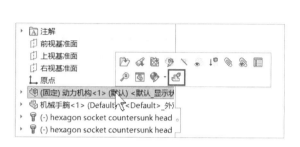

图 4-70　将子装配体【动力机构】设置为柔性

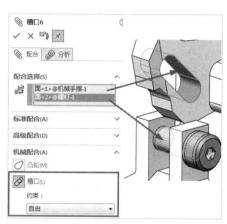

图 4-71　添加【槽口】配合

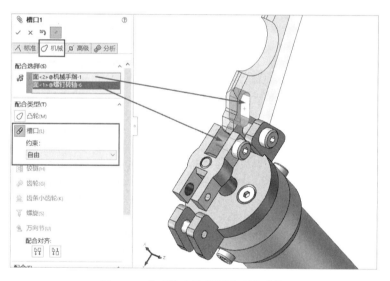

图 4-72　将【约束】设置为【自由】

### 5. 使用【圆周零部件阵列】命令完成其他零部件的装配

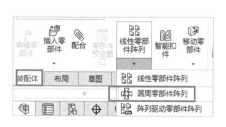

图 4-73　选择【圆周零部件阵列】命令

单击【装配体】选项卡中【线性零部件阵列】按钮
下面的下拉按钮，在弹出的下拉菜单中选择【圆周零部
件阵列】命令，如图 4-73 所示。

在弹出的【圆周阵列】属性管理器中，将【阵列轴】
设置为主缸体圆柱面，【角度】设置为 360°，【实例数】
设置为 2，勾选【等间距】复选框，并将【要阵列的零部
件】设置为机械手指、两个螺钉转轴，如图 4-74 所示。
在设置完成后单击【确定】按钮，保存装配体。

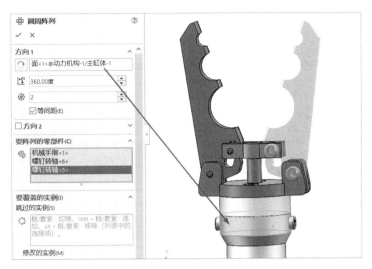

图 4-74　设置圆周阵列参数

**6. 装配【密封端盖】、【外部接头】、【O 型圈 Φ22×16】、【垫片 Φ22×16】和【螺钉】等零部件**

为【密封端盖】零部件和【主缸体】零部件添加【同轴心】配合及【重合】配合，如图 4-75（a）所示。

为【密封端盖】零部件和【外部接头】零部件添加【同轴心】配合及【重合】配合，如图 4-75（b）所示。

 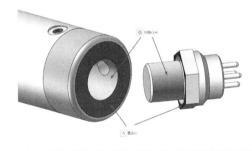

（a）为【密封端盖】零部件和【主缸体】零部件添加配合　　　（b）为【密封端盖】零部件和【外部接头】零部件添加配合

图 4-75　添加配合

**提示**：在装配完成后，由于【外部接头】零部件只是添加了【同轴心】配合和【重合】配合，【外部接头】零部件还剩下一个转动的自由度，因此为【外部接头】零部件添加【平行】几何约束关系，如图 4-76 所示，限制【外部接头】零部件的转动。

由于【主缸体】零部件的遮挡，无法对【外部接头】零部件的内部结构进行操作，因此右击 FeatureManager 设计树中的【主缸体】，在弹出的快捷工具栏中单击【隐藏零部件】按钮 ，将【主缸体】零部件隐藏。

装配【O 型圈 Φ22×16】零部件和【垫片 Φ22×16】零部件，如图 4-77 所示，配合关系与之前的装配方法相同，此处不再赘述。

右击 FeatureManager 设计树中的【主缸体】，在弹出的快捷工具栏中单击【显示零部件】按钮 ，如图 4-78 所示，将【主缸体】零部件显示出来。

图 4-76　添加【平行】几何约束关系

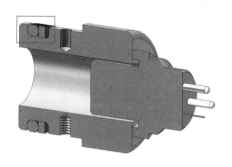

图 4-77　装配【O 型圈 Φ22×16】零部件和
【垫片 Φ22×16】零部件

图 4-78　单击【显示零部件】按钮

**提示**：隐藏和显示零部件可以通过快捷键来完成。按住 Tab 键，将鼠标指针移动到要隐藏的零部件上即可将其隐藏；同时按住 Shift+Tab 键，将鼠标指针移动到隐藏的零部件的位置即可将其显示出来。

添加螺钉。在【Toolbox】中依次选择【GB】→【螺钉】→【凹头螺钉】→【内六角沉头螺钉 GB/T 70.3-2000】选项，将螺钉参数的【大小】设置为 M3，【长度】设置为 5mm。螺钉的位置如图 4-79 所示。

**7. 使用【镜向零部件】命令完成其他零部件的装配**

单击【装配体】选项卡中【线性零部件阵列】按钮下面的下拉按钮，在弹出的下拉菜单中选择【镜向零部件】命令，如图 4-80 所示。

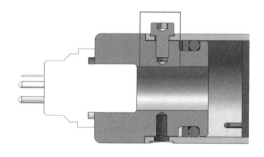

图 4-79　螺钉的位置 2

图 4-80　选择【镜向零部件】命令

弹出的【镜向零部件】属性管理器如图 4-81 所示。

展开【选择】组，将【镜向基准面】设置为上视基准面，【要镜向的零部件】设置为上一步使用【Toolbox】装配的内六角螺钉，单击右上角的【下一步】按钮 ⊙，如图 4-82 所示（此时装配的螺钉不涉及左右手镜向对称问题，所以默认系统设置不变），直接单击【确定】按钮 ✓，完成操作，保存装配体。

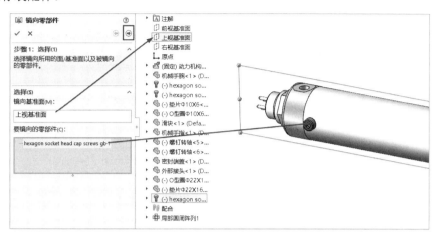

图 4-81　【镜向零部件】属性管理器

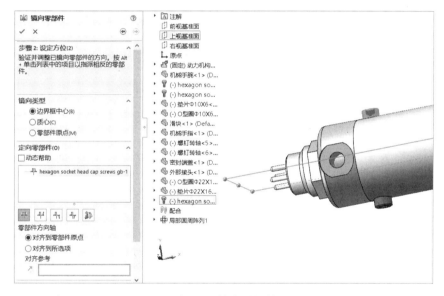

图 4-82　镜向零部件

将【密封螺钉】零部件添加到装配体中，为【密封螺钉】零部件和【密封端盖】零部件添加【重合】配合及【同轴心】配合，如图 4-83 所示。

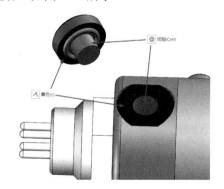

图 4-83　添加【重合】配合及【同轴心】配合

单击【保存】按钮 📠 ，保存装配体，完成机械爪装配体建模（见图 4-84）。

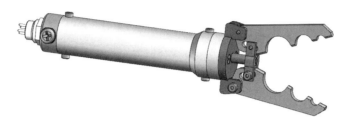

图 4-84　机械爪装配体模型

### 8. 编辑【距离】限制配合

子装配体中的配合关系在总装配体中也可以直接编辑。右击【主缸体】零部件，在弹出的快捷工具栏中单击【更改透明度】按钮 👁 ，如图 4-85 所示。

图 4-85　单击【更改透明度】按钮

右击【螺旋推杆】零部件，在弹出的快捷工具栏中单击【查看配合】按钮 ⚙ ，如图 4-86 所示。

如图 4-87 所示，在弹出的【螺旋推杆-1】配合关系列表中，单击【距离限制配合】按钮，在弹出的菜单中单击【编辑特征】按钮。在【LimitDistance1】属性管理器中将最大值和最小值分别修改为 20mm 和 0mm，如图 4-88 所示，修改完成后单击【确定】按钮。

图 4-86　单击【查看配合】按钮

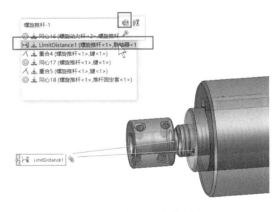

图 4-87　编辑配合关系

因为上一步中的【距离】限制配合属于子装配体的配合，如果在总装配体中直接编辑，系统就会进入编辑零部件状态，单击视图窗口中右上角的【退出零部件编辑】按钮 🔧 ，退出子装配体的编辑状态（见图 4-89）。

> **提示：** 零部件更改透明度之后，再次单击此透明零部件比较困难，此时可以先按住 Shift 键再单击此透明零部件，直接选中此零部件，再次单击【更改透明度】按钮可以将其恢复为不透明的零部件，或者执行其他操作。

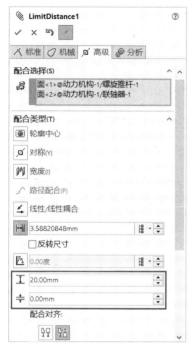

机械爪总装
（扫码看视频）

图 4-88　设置参数　　　　　　　　　　图 4-89　退出子装配体的编辑状态

## 4.3　评估装配体

本节主要介绍如何评估装配体。在产品设计过程中，需要评估零部件之间的运动关系，以防止因为零部件干涉等情况出现产品质量问题。

### 4.3.1　使用【移动零部件】工具进行动态检查

如图 4-90 所示，隐藏主缸体，使推杆固定套透明。拖动滑块，机械手指能实现开合动作，开合的角度通过【距离】限制配合约束，当前的【距离】限制配合的最大值 20mm 和最小值 0mm是人为给定的，而开合角度是由零部件间的干涉情况决定的。在实际情况下，【距离】限制配合的最大值和最小值应该是多少呢？可以通过【移动零部件】工具模拟真实的运动情况，并完成最大值和最小值的测量。

影响最大值和最小值的限制条件如下。

（1）机械手指、滑块、螺钉碰撞的影响。

（2）键与推杆固定套键槽碰撞的影响，如图 4-91 所示。

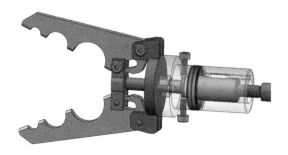

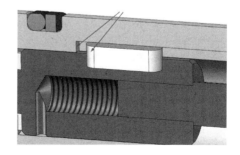

图 4-90　动态检查　　　　　　　　图 4-91　键与推杆固定套键槽碰撞的影响

通过【移动零部件】工具可以找出上述两个限制条件。如图 4-92 所示，拖动滑块，将螺钉移动到机械手指槽口大约中间的位置，以避免螺钉与机械手指槽口是接触的。

> **提示：** 前面已经将【距离】限制配合修改的范围设置得足够大，不会影响移动零部件的结果。

如图 4-93 所示，单击【装配体】选项卡中的【移动零部件】按钮 ，弹出【移动零部件】属性管理器。在该属性管理器中，将移动方式设置为【自由拖动】，展开【选项】组，选中【碰撞检查】单选按钮，将【检查范围】设置为【这些零部件之间】，选择键、推杆固定套、螺钉转轴、滑块和机械手指（不可选择阵列的零部件），并勾选【碰撞时停止】复选框，其他选项采用默认设置，如图 4-94 所示。

单击【恢复拖动】按钮，将滑块拖动到能达到的最大开合位置。通过模型可以看到，此时机械手指与螺钉碰撞，零件高亮显示，如图 4-95 所示。键与推杆固定套键槽端面还有一定的距离，单击【确定】按钮。

**注意：** 此时不可随意移动零部件，否则会影响测量结果。

图 4-92　拖动滑块

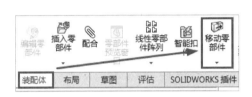

图 4-93　单击【移动零部件】按钮

图 4-94　参数设置

碰撞检查
（扫码看视频）

图 4-95　最大开合位置状态显示

如图 4-96 所示，启动测量工具，经过测量可知两个面之间的距离是 12.46mm，这两个面也是【距离】限制配合选择的两个面。

在【移动零部件】属性管理器中重新设置初始位置。重新使用【移动零部件】工具将滑块拖动到能达到的最小开合位置。如图 4-97 所示，通过模型可以看到，此时机械手指与滑块碰撞，零部件高亮显示。

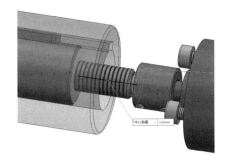

图 4-96　测量配合面最大距离　　　　　　　　图 4-97　最小开合位置状态显示

如图 4-98 所示，重新测量配合面的距离，测量得到的结果为 2.36mm（最小值）。

如图 4-99 所示，编辑【动力机构】子装配体中的【距离】限制配合，将最大值和最小值分别修改为 12.62mm 和 2.36mm。

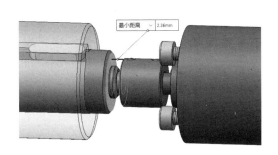

图 4-98　测量配合面最小距离　　　　　　　　图 4-99　设置【距离】限制配合

## 4.3.2　利用【干涉检查】工具检查零部件的干涉情况

如图 4-100 所示，单击【评估】选项卡中的【干涉检查】按钮，启动【干涉检查】工具。如图 4-101 所示，在【干涉检查】属性管理器中，单击【计算】按钮，将产生 9 处干涉位置，干涉体积在【结果】列表框中直接列出。

如图 4-102 所示，依次单击每个干涉，视图窗口中将高亮显示干涉区域，单击干涉前面的图标就会列出具体的干涉零件。

图 4-100　【干涉检查】按钮

图 4-101　干涉检查结果

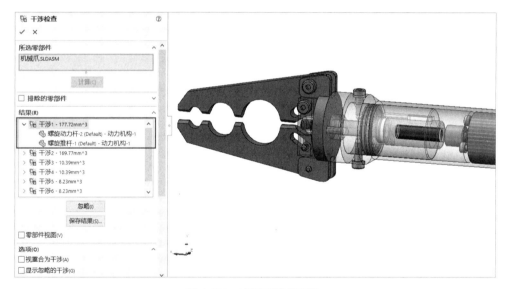

图 4-102　查看干涉零部件

9 处干涉的具体情况如下：

干涉 1：螺旋动力杆、螺旋推杆；

干涉 2：密封端盖、外部接头；

干涉 3：密封端盖、密封螺钉；

干涉 4：推杆固定套、内六角圆柱头螺钉；

干涉 5：推杆固定套、内六角圆柱头螺钉；

干涉 6：密封端盖、内六角圆柱头螺钉；

干涉 7：密封端盖、内六角圆柱头螺钉；

干涉 8：密封端盖、密封螺钉；

干涉 9：机械手腕、螺旋推杆。

干涉检查结果中包含螺钉（见图 4-103），这是因为模型中的螺纹孔是按照攻丝前的大径来创建的，所以需要将这种干涉情况排除。

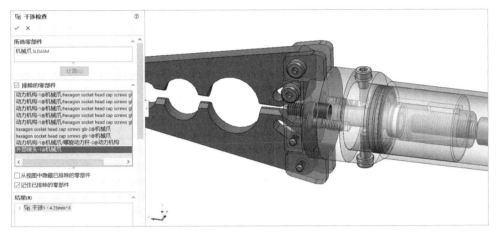

图 4-103　干涉检查结果 1

如图 4-104 所示，经过测量可知，干涉区域机械手腕的孔直径和螺旋推杆的圆柱直径分别为 6mm 和 6.1mm，这是干涉的原因。

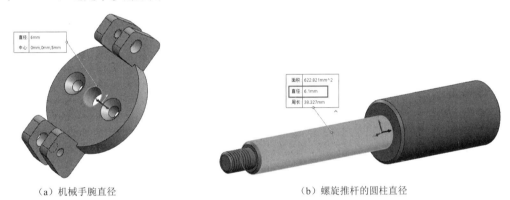

（a）机械手腕直径　　　　　　　　　　　（b）螺旋推杆的圆柱直径

图 4-104　测量结果

修改机械手腕的孔直径。先使用【孤立】命令只显示机械手腕，再双击机械手腕孔位置，此时会显示孔的深度和直径尺寸。如图 4-105 所示，双击孔直径的尺寸，将尺寸修改为 6.5mm，单击【确定】按钮，完成更改。

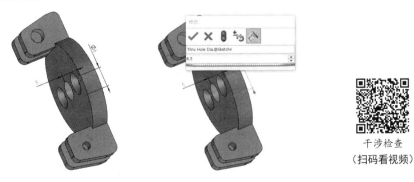

干涉检查
（扫码看视频）

图 4-105　修改孔直径的尺寸

重新对装配体进行干涉检查，发现无干涉（见图 4-106）。

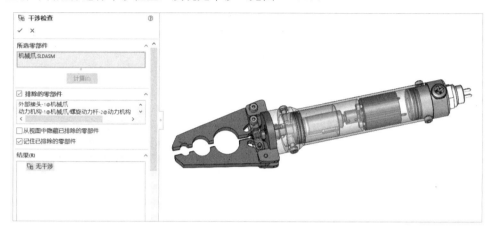

图 4-106　干涉检查结果 2

## 4.4　装配体爆炸视图

装配体爆炸视图经常用在图纸和装配手册中。本节主要对【动力机构】和【机械爪】两个装配体制作爆炸视图（子装配体的爆炸视图可以直接在总装配体中使用）。【机械爪】装配体爆炸视图如图 4-107 所示。

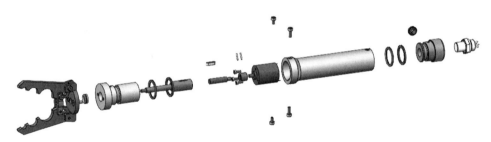

图 4-107　【机械爪】装配体爆炸视图

### 4.4.1　【动力机构】装配体爆炸视图

如图 4-108 所示，调整爆炸视图的初始位置，拖动滑块，确保机械手指处于最大开合角度，保存装配体文件。

在 FeatureManager 设计树中右击【动力机构】，在弹出的快捷工具栏中单击【打开零件】按钮 （见图 4-109）。

动力结构爆炸
（扫码看视频）

图 4-108　调整爆炸视图的初始位置

图 4-109　单击【打开零件】按钮

【动力机构】装配体被打开，将螺旋推杆拖动到最大极限位置，单击【装配体】选项卡中的【爆炸视图】按钮 ，启动【爆炸视图】工具。

爆炸主缸体及内六角圆柱头螺钉的步骤如下。

（1）如图 4-110 所示，依次选取主缸体及上面的两个内六角圆柱头螺钉，将其作为第一个模型。

图 4-110　选取第一个模型

**提示**：选取的第一个模型会影响下一步动作中三重轴的初始位置，所以选取主缸体及上面的两个螺钉作为第一个模型。

（2）如图 4-111 所示，拖动视图窗口中三重轴的 X 轴，拖动时会显示标尺，拖动到-120mm左右的位置（不必非常精确，或者直接在【距离】数值框中输入精确的距离，如图 4-112 所示）。在绘图区右击或单击属性管理器中的【完成】按钮，完成第一步的爆炸动作。

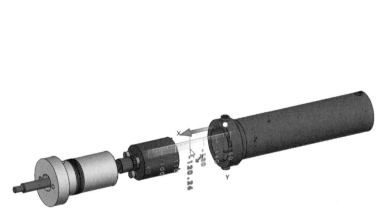

图 4-111　拖动选中的零部件

图 4-112　设置参数

**提示 1**：爆炸的动作主要由三重轴完成，如图 4-113 所示，拖动箭头完成移动，拖动圆环完成旋转。

**提示 2**：单击【完成】按钮可以完成本爆炸步骤的制作。此外，还可以使用快捷方式，当按住鼠标左键将箭头拖到合适位置时，松开鼠标左键，此时鼠标指针会变成按键提示，这时单击鼠标右键可直接完成本爆炸步骤。

（3）单击内六角圆柱头螺钉，沿 Y 轴将其拖动到如图 4-114 所示的位置。采用同样的方法完成另一个内六角圆柱头螺钉的爆炸动作。

（4）单击电机，沿 X 轴将其拖动到如图 4-115 所示的位置，单击鼠标右键完成爆炸动作。

（5）单击联轴器及一个直径为 1.5mm 的销，沿 X 轴将其拖动到如图 4-116 所示的位置，单击鼠标右键完成爆炸动作。

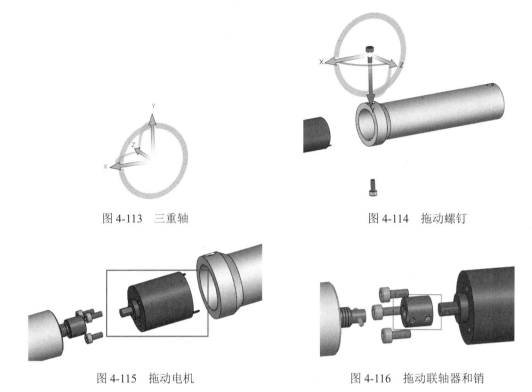

图 4-113　三重轴　　　　　　　　　　　　　　　　图 4-114　拖动螺钉

图 4-115　拖动电机　　　　　　　　　　　　　　　图 4-116　拖动联轴器和销

【爆炸】属性管理器会记录每次的爆炸步骤，单击爆炸步骤可以重新编辑相关参数（见图 4-117）。上面只选取了一个销，修改【爆炸步骤 5】，在【零部件选择】列表框中添加另外一个销，完成修改。

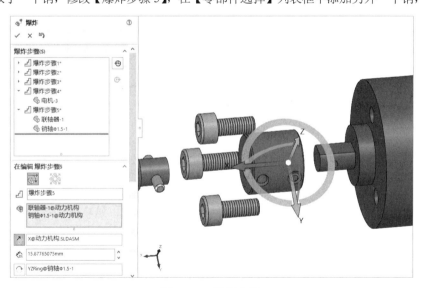

图 4-117　编辑参数

选取两个销，沿 Y 轴将其拖动到如图 4-118（a）所示的位置，此时可以发现给出的三重轴与销的法向方向并不垂直。先单击【爆炸方向】选项 ↗，再单击【消除选择】按钮，选择如图 4-118（b）所示的销的端面，选中方向箭头，将两个销拖出并放到合适的位置，如图 4-118（c）所示，完成操作。

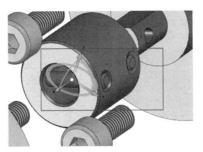

（a）选取并拖动两个销

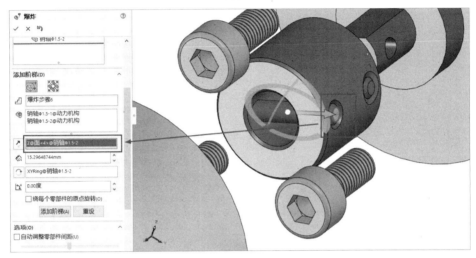

（b）选择销的端面

（c）将两个销拖出并放到合适的位置

图 4-118 销的爆炸

（6）因为键被其他零部件遮挡，难以选取，所以先退出爆炸视图编辑状态，在启动剖面视图后，再重新编辑爆炸视图就可以非常方便地选取键。

**提示**：不用退出爆炸视图的编辑状态也可以选取键，之所以这样做是为了介绍爆炸视图重新编辑的操作方法。

如图 4-119 所示，单击【确定】按钮退出爆炸视图的编辑状态。

启用剖面视图，用前视基准面完成剖切（见图 4-120）。

爆炸视图是以装配体配置的形式保存的。单击【配置管理器】图标，右击【爆炸视图 1】，在弹出的快捷菜单中选择【编辑特征】命令，如图 4-121 所示。

爆炸推杆固定套、螺旋推杆、螺旋动力杆、键、O 型圈和垫片到如图 4-122 所示的位置，单击鼠标右键，完成爆炸操作。

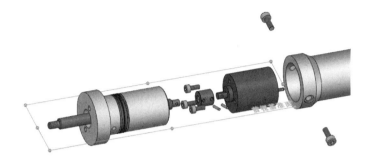

图 4-119　退出爆炸视图的编辑状态　　　　　　　图 4-120　启用剖面视图

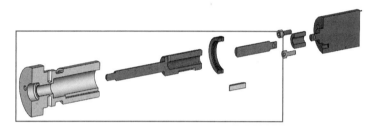

图 4-121　选择【编辑特征】命令　　　　　　　图 4-122　爆炸效果

**提示：** 在启用剖面视图的情况下，当选取零部件时，不要单击零部件的剖切面，否则无法选取某些零部件。

选取 O 型圈、垫片，勾选【选项】组中的【自动调整零部件间距】复选框，沿 X 轴正向拖动到如图 4-123 所示的位置，单击鼠标右键，完成操作。

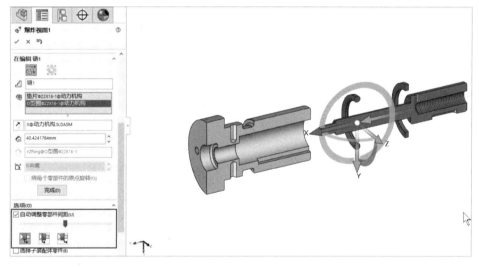

图 4-123　调整零部件的位置

**提示：**【自动调整零部件间距】选项尤其适合按照直线形式装配的零部件，使用此选项可以加速爆炸视图的创建速度。

单击【确定】按钮 ✓，完成【动力机构】装配体爆炸视图的创建，关闭剖面视图。整体的爆炸视图如图 4-124 所示。

（7）如图 4-125 所示，双击【爆炸视图 1】可以完成爆炸视图和非爆炸视图之间的切换。

保存【动力机构】装配体。

图 4-124　整体的爆炸视图

图 4-125　切换视图

## 4.4.2　【机械爪】装配体爆炸视图

如图 4-126 所示，单击菜单栏中的【窗口】菜单按钮，在弹出的菜单中选择【1 机械爪.SLDASM*】，当前的文档将由【动力机构】跳转到【机械爪】。

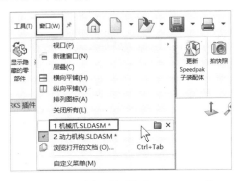

图 4-126　选择【机械爪.SLDASM*】

**提示：** 当在 SolidWorks 中打开多个文档时，也可以通过快捷键 Ctrl+Tab 在文档窗口之间快速切换。

单击【装配体】选项卡中的【爆炸视图】按钮，启动【爆炸视图】工具，爆炸外部接头、密封端盖、密封螺钉、垫片、动力机构、螺钉，并将这些零部件拖动到如图 4-127 所示的位置。

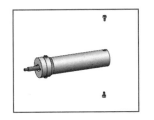

图 4-127　拖动零部件

重新选取【动力机构】装配体，单击【从子装配体】按钮（见图 4-128），在动力机构中创建的爆炸视图被重新使用直接炸开，效果图如图 4-129 所示。

图 4-128　单击【从子装配体】按钮

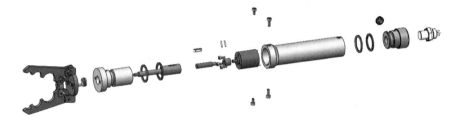

图 4-129　爆炸效果图

**提示**：此处不勾选【选择子装配体零件】复选框，子装配体将作为一个整体被选择，并且被添加到爆炸步骤零部件中，如图 4-130 所示。

图 4-130　参数设置

采用拖动时自动调整零部件间距的方式爆炸 O 型圈和垫片。如图 4-131 所示，拖动 O 型圈和垫片。

选取两个螺钉，沿 Z 轴拖动并完成爆炸，效果图如图 4-132 所示。

图 4-131　拖动 O 型圈和垫片

图 4-132　螺钉爆炸效果图

选取另一侧的两个螺钉，沿 Z 轴拖动并完成爆炸，效果图如图 4-133 所示。

选取为机械手腕安装的两个螺钉，沿 X 轴拖动并完成爆炸，效果图如图 4-134 所示。

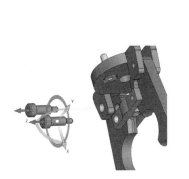

图 4-133　另一侧螺钉爆炸效果图

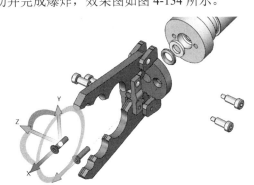

图 4-134　机械手腕处螺钉爆炸效果图

选取两个机械手指，爆炸设置如下。

（1）展开【添加阶梯】组，单击【径向步骤】按钮🞕。

（2）爆炸方向选取【机械手腕】零部件的圆柱面，如图 4-135 所示。

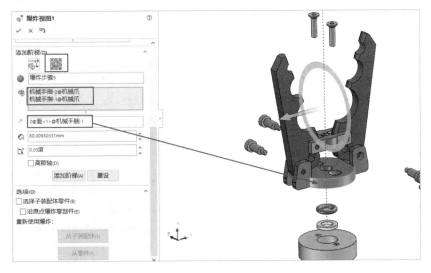

图 4-135　选取爆炸方向

（3）其他选项采用默认设置。

将爆炸方向箭头拖动到合适位置（见图 4-135），机械手指将沿着圆柱面径向移动。

单击【添加阶梯】组中的【常规步骤（平移和旋转）】按钮 可以完成滑块和机械手腕的爆炸步骤。如图 4-136 所示，最终完成整个机械爪的爆炸视图，保存装配体文件。

图 4-136　爆炸视图

机械爪整体爆炸
（扫码看视频）

# 第 5 章　工程图

机械图样是机械设计和机械制造过程中的重要技术文件，被称为工程界的通用技术语言。工程图使用投影法表达物体结构，SolidWorks 工程图按照正投影法使用模型自动生成相关投影视图，是物体的真实表达。

在 SolidWorks 中，零件、装配体和工程图是双向全相关的，对零件和装配体的更改会导致工程图文件相应地发生变更。当需要更改工程图时，不是直接修改工程图，而是返回到模型中进行修改，数据源头是模型而不是图纸。

一般而言，工程图包含图纸幅面及格式、标题栏、视图、尺寸标注、注释和表格几个部分，如图 5-1 所示。

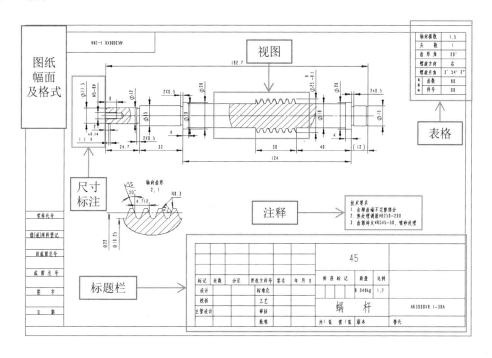

图 5-1　工程图的组成

在出图之前，应该定制符合国家标准或企业标准的模板，模板需要包含上述组成部分，并且从 A4 到 A0 大小的模板均需要单独制作。工程图模板如图 5-2 所示。

图 5-2　工程图模板

本章的内容主要包括以下几点：图纸的组成要素；如何使用图纸模板；使用视图表达模型结构；完成尺寸及注释标注；统计装配体材料明细。

## 5.1　三视图

设计思路

形状和结构比较简单的零件通过三视图就能表达清楚，此类零件在日常生活中比较常见。常规零件三维模型如图 5-3 所示。

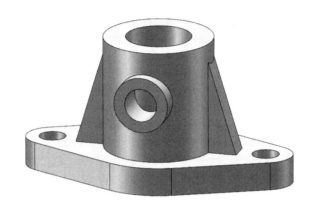

图 5-3　常规零件三维模型

### 1．新建工程图

打开【支座】零件。

单击菜单栏中的【文件】菜单按钮，在弹出的菜单中选择【从零件制作工程图】命令（见图 5-4），打开【新建 SOLIDWORKS 文件】对话框，选择【gb_a4】模板创建工程图（见图 5-5）。

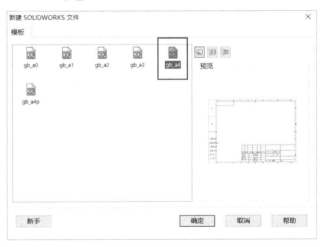

图 5-4　从零件制作工程图　　　　　　　图 5-5　选择工程图模板

▌提示：【gb_a4p】模板是 A4 竖向模板。

### 2. 创建工程视图

SolidWorks 提供了多种视图工具用于创建工程视图，如可以使用命令管理器中的【工程图】选项卡，然后单击【模型视图】按钮、【投影视图】按钮或【标准三视图】按钮（见图 5-6）。

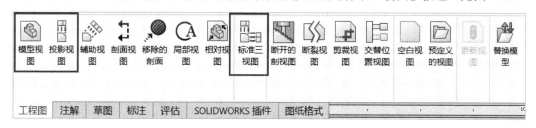

图 5-6　【工程图】选项卡

也可以单击任务窗格中的【视图调色板】按钮，弹出如图 5-7 所示的【视图调色板】面板，然后进行操作。在实际应用中，二者经常混合使用。

保证【视图调色板】面板中的【自动开始投影视图】复选框处于勾选状态，单击【前视】图标，将其由【视图调色板】面板拖入绘图区，选择适当的位置放置【前视】图标，将鼠标指针向右滑动，自动生成前视图的右侧投影视图（见图 5-8）。SolidWorks 会强制投影视图与前视图水平对齐。本案例不需要放置投影视图，所以按 Esc 键退出投影状态。

图 5-7　【视图调色板】面板

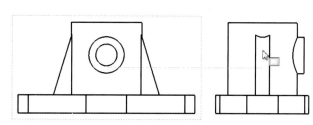

图 5-8　生成投影视图

**提示 1**：在工程制图中，由主视图从左向右投影出来的视图被称作侧视图或左视图。一般选择前视图作为图纸的主视图，投影出来的左视图和【视图调色板】面板中的【左视】图标是对应的，如果选择其他视图作为主视图，那么这一对应关系将不存在。因此，应注意区分工程制图中的称谓和 SolidWorks 中的自动命名。

**提示 2**：SolidWorks 工程图纸中的上视、前视和右视与模型中的上视基准面、前视基准面和右视基准面分别对应，零件建模的时候，在绘制第一个草图时已经决定了工程图纸中投影的方向。

单击【工程图】选项卡中的【投影视图】按钮 ，添加俯视图，如图 5-9 所示。

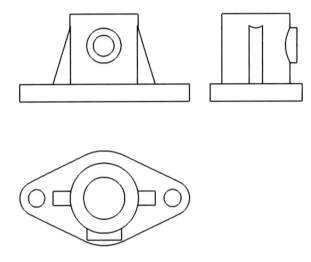

图 5-9    添加俯视图

**提示 1**：【投影视图】命令也可以通过单击主视图，在弹出的快捷工具栏中选择，如图 5-10 所示。

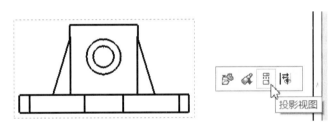

图 5-10    通过单击主视图添加投影视图

**提示 2**：还可以通过右击主视图，在弹出的快捷工具栏中单击【投影视图】按钮，如图 5-11 所示。

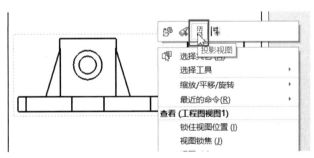

图 5-11    通过右击主视图添加投影视图

### 3．调整视图位置

将鼠标指针移动到需要调整的视图上，视图会显示黄色的虚线边框，如图 5-12 所示。单击黄色的虚线边框并按住鼠标左键拖动视图即可调整位置，调整后视图的位置如图 5-13 所示。

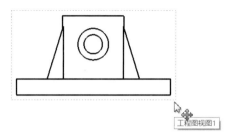

彩色图

图 5-12　显示黄色的虚线边框

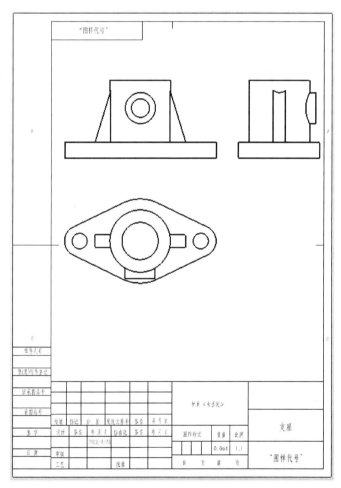

图 5-13　调整后视图的位置

### 4．去除圆角切边

上述视图中的模型都有圆角切边，这不符合出图要求。在要去除圆角切边的视图上右击，在弹出的菜单中选择【切边】→【切边不可见】命令，如图 5-14 所示，可以将视图中模型的切边显示去除，之后去除其他视图中的切边，调整后的效果如图 5-15 所示。

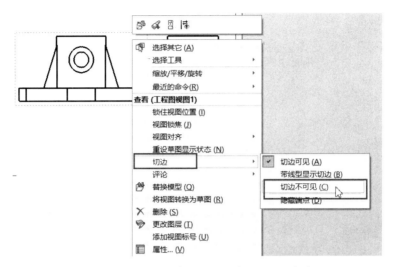

图 5-14　选择【切边】→【切边不可见】命令

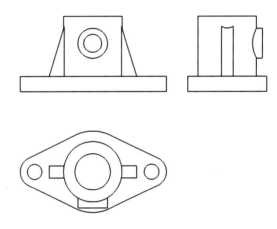

图 5-15　调整后的效果

### 5．更换视图显示类型

选中主视图，单击前导视图中的【显示类型】→【隐藏线可见】按钮 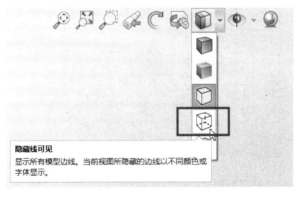（见图 5-16），将模型视图的隐藏线显示出来（见图 5-17）。

图 5-16　单击【隐藏线可见】按钮

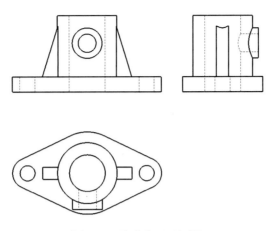

图 5-17 隐藏线可见视图

**提示**：对于有父子投影关系的视图，更改父级视图的显示类型，子级视图会联动更改，反过来对子级视图进行更改，父级视图不会更改。

### 6. 添加中心线

单击【注解】选项卡中的【中心符号线】按钮 ⊕，如图 5-18 所示，为圆形轮廓添加中心线，如图 5-19 所示。

图 5-18 单击【中心符号线】按钮

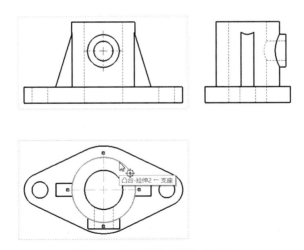

图 5-19 为圆形轮廓添加中心线

单击【注解】选项卡中的【中心线】按钮 ，如图 5-20 所示，为对称结构添加中心线（单击对称的两条线即可生成对称结构的中心线），如图 5-21 所示。

图 5-20　单击【中心线】按钮

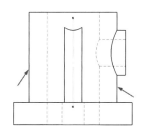

图 5-21　为对称结构添加中心线

继续为孔等添加中心线。中心线添加完成后的视图如图 5-22 所示。

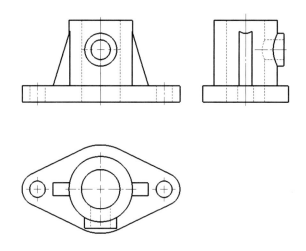

图 5-22　中心线添加完成后的视图

## 7．标注尺寸

单击【注解】选项卡中的【智能尺寸】按钮 ，如图 5-23 所示，对三视图进行相应的尺寸标注，完成图如图 5-24 所示。

图 5-23　单击【智能尺寸】按钮

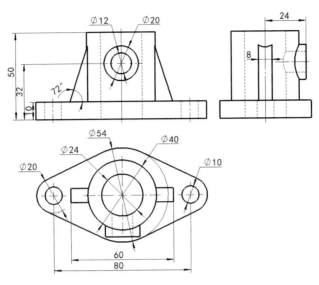

图 5-24　尺寸标注完成图

尺寸分为定形尺寸和定位尺寸。在标注时可以按照分类依次标注尺寸，这样不容易遗漏尺寸，并且标注完成的图纸尺寸关系清晰、大小明确。

**提示 1**：单击【智能尺寸】按钮标注圆尺寸时，直接单击圆弧即可。对于完整的圆形，标注出来的就是直径；对于不完整的圆弧，标注出来的就是半径。

**提示 2**：标注显示为半径【R10】切换成直径【Ø20】，操作如图 5-25 所示，在【R10】标注上右击，在弹出的菜单中选择【显示选项】→【显示成直径】命令，反之对于直径切换显示成半径，操作也是如此。

**提示 3**：在标注尺寸时默认勾选【快速标注尺寸】复选框，如图 5-26 所示。

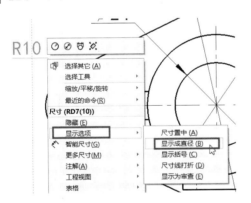

图 5-25　直径和半径显示切换

图 5-26　默认勾选【快速标注尺寸】复选框

如果单击相应方向的按钮，系统就会自动将尺寸排列到此方向。【快速标注尺寸】有 3 种类型，分别为径向方向 a、左右方向 b 及上下方向 c，如图 5-27 所示。

a　　　　　　　　b　　　　　　　　c

图 5-27　【快速标注尺寸】的类型

**提示**：如图 5-28 所示，如果尺寸【30】、【60】和【90】全部采用【快速标注尺寸】放置，那么这 3 个尺寸会自动排列，不用手动干预。如果要删除尺寸【60】，那么自动调整尺寸【90】和尺寸【30】之间的间距。

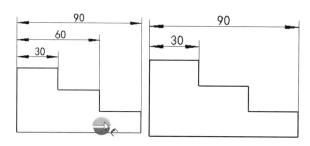

图 5-28　使用【快速标注尺寸】

工程图 01-支座
（扫码看视频）

常规零件的工程图如图 5-29 所示。

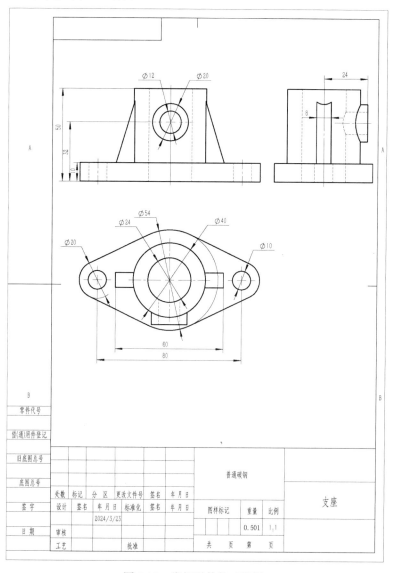

图 5-29　常规零件的工程图

## 5.2　轴类零件工程图

设计思路

轴类零件是典型零件中的一种。轴类零件需要对轴上键槽等特定特征用断面图（软件中的剖面视图）表达。本节主要介绍轴类零件的视图表达。

轴类零件如图 5-30 所示。

图 5-30　轴类零件

任务步骤

#### 1．新建工程图

打开第 3 章的【轴】零件。单击菜单栏中的【文件】菜单按钮，在弹出的菜单中选择【从零件制作工程图】命令，打开【SOLIDWORKS 文件】对话框，选择【gb_a4】模板创建工程图。

#### 2．创建工程视图

单击任务窗格中的【视图调色板】按钮，弹出【视图调色板】面板。单击【前视】图标，将其由【视图调色板】面板拖入绘图区，并选择适当位置放置，如图 5-31 所示。按 Esc 键退出投影状态。

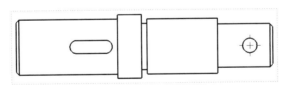

图 5-31　轴的前视图

#### 3．调整视图位置

如图 5-32 所示，选中虚线边框，按住鼠标左键将视图拖动到合适的位置。

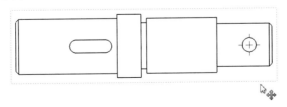

图 5-32　调整视图位置

### 4．创建剖面视图

单击【工程图】选项卡中的【剖面视图】按钮 ✂，在弹出的【剖面视图辅助】属性管理器中单击【剖面视图】按钮，将【切割线】设置为【竖直】，如图 5-33（a）所示，在主视图上键槽的直边上选定剖切位置后单击【确定】按钮，如图 5-33（b）所示，生成剖面投影视图，将该视图拖到主视图左侧单击，即可将剖面视图放置在此位置，如图 5-33（c）所示。

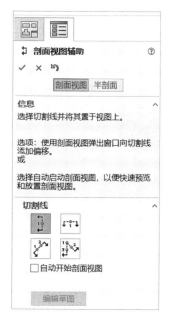

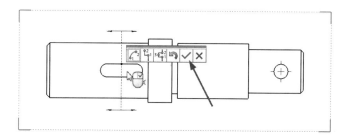

（a）【剖面视图辅助】属性管理器            （b）选定剖切位置

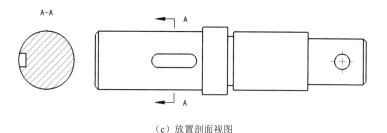

（c）放置剖面视图

图 5-33　生成剖面视图

轴的剖面投影视图还可以放在剖切位置的正下方。在剖面投影视图 A-A 上右击，在弹出的快捷菜单中选择【视图对齐】→【解除对齐关系】命令，解除剖面投影视图与主视图的对齐关系，将剖面投影视图移动到剖切位置，如图 5-34 所示。

> **提示**：在将剖面投影视图拖出还未放下时，按住 Ctrl 键，可以同步解除视图间的对齐关系，并将视图放置到任意位置。

【剖面视图 A-A】属性管理器如图 5-35 所示。

【反转方向】选项：可以控制投影视图的方向，向左/向右。

【横截剖面】选项：勾选后只显示当前剖面视图的横截面，不显示其他投影轮廓。

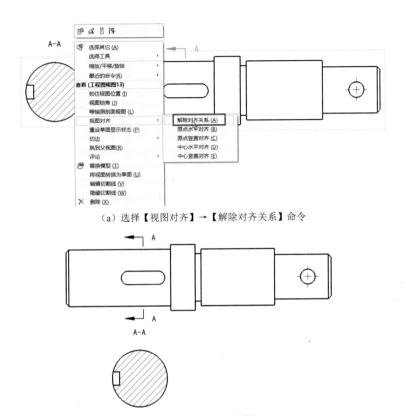

（a）选择【视图对齐】→【解除对齐关系】命令

（b）放置剖面投影视图

图 5-34 剖面投影视图放在剖切位置下方

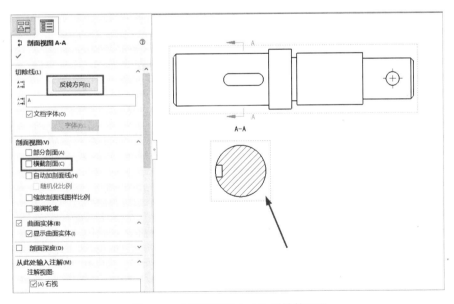

图 5-35 【剖面视图 A-A】属性管理器

键槽剖面视图如图 5-36 所示。

在右侧圆孔位置执行剖切操作，对孔的位置进行表达，如图 5-37 所示。

**提示**：B-B 视图表达的是通孔结构，显示横截剖面时会出现如图 5-38 所示的通孔横截剖

面（完全分离的两个断面），这不符合机械制图的出图要求，所以此处不勾选【横截剖面】
复选框。

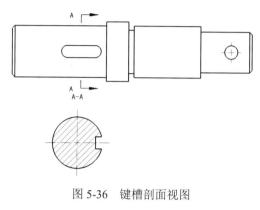

图 5-36　键槽剖面视图

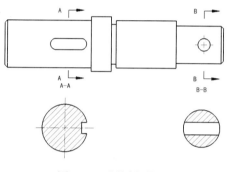 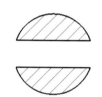

图 5-37　孔的剖面视图　　　　　　　　　　图 5-38　分离的断面

### 5. 添加中心线

单击【注解】选项卡中的【中心符号线】按钮⊕和【中心线】按钮⊟，为各个视图添加中
心线，如图 5-39 所示。

提示：【槽口中心符号线】包括【槽口中心】类型、【槽口端点】类型、【圆弧槽口中心】类
型和【圆弧槽口端点】类型（见图 5-40），可以对槽口添加不同类型的中心线。

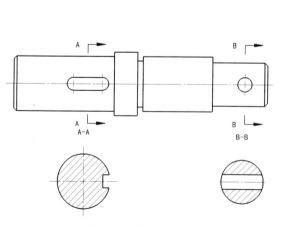 

图 5-39　添加中心线　　　　　　　　　　图 5-40　【槽口中心符号线】的类型

## 6. 标注尺寸

单击【注解】选项卡中的【智能尺寸】按钮，对三视图进行相对应的尺寸标注（见图 5-41）。轴类零件工程图如图 5-42 所示。

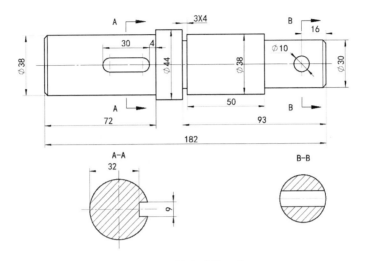

图 5-41  轴类零件尺寸

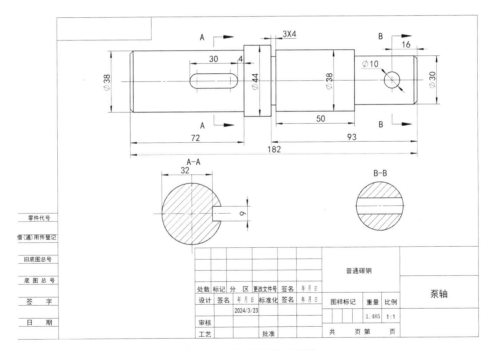

图 5-42  轴类零件工程图

## 5.3  盘类零件工程图

 设计思路

盘类零件是一种典型零件。盘类零件的图纸表达具有一定的代表性，也比较考验制图者的基本功。盘类零件二维方向尺寸较大，另一个维度的尺寸较小，所以通常使用两个视图来表达。本节以刀盘为例介绍盘类零件工程图。

刀盘三维模型如图 5-43 所示。

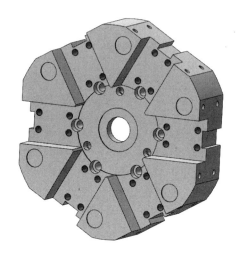

图 5-43　刀盘三维模型

 任务步骤

### 1. 新建工程图

打开第 3 章的【刀盘】零件。单击菜单栏中的【文件】菜单按钮，在弹出的菜单中选择【从零件制作工程图】命令，打开【新建 SOLIDWORKS 文件】对话框，选择【gb_a2】模板创建工程图。

### 2. 创建工程视图

单击【工程图】选项卡中的【模型视图】按钮 ，在弹出的【模型视图】属性管理器中单击【下一步】按钮，如图 5-44（a）所示，之后的界面如图 5-44（b）所示。

（a）单击【下一步】按钮

图 5-44　模型视图

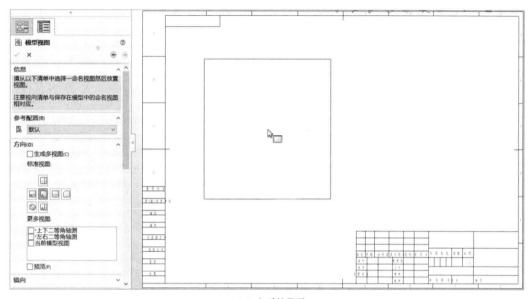

（b）之后的界面

图 5-44　模型视图（续）

在图版合适的位置单击，放置好主视图，如图 5-45 所示，按 Esc 键取消当前命令。

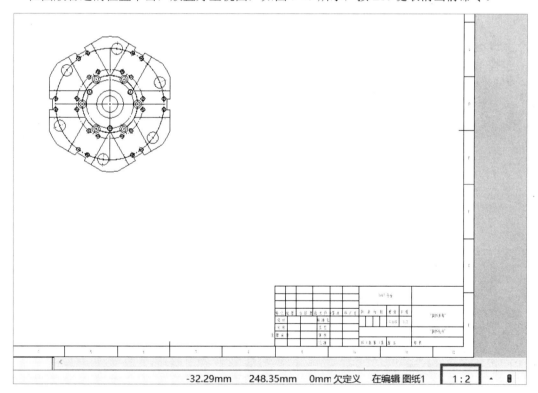

图 5-45　放置主视图

在图 5-45 中，图版的右下角有一个比例（1∶2），表示当前的图纸比例是 1∶2，由于选择的是 A2 图版，模型相对较小，比例不合适，因此可以将图纸比例调整为 1∶1，如图 5-46 所示。

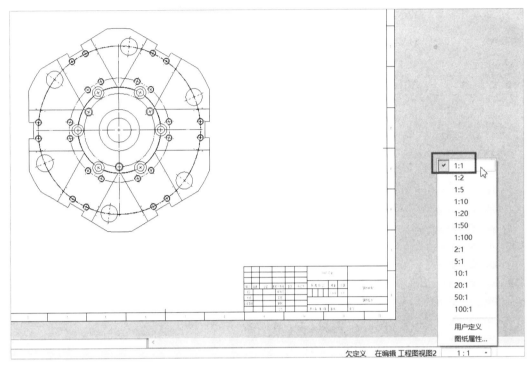

图 5-46　调整图纸比例

**提示 1**：【图纸比例】中的模型永远是真实的尺寸比例，放大或缩小的是图幅尺寸。

**提示 2**：如图 5-47 所示，单击视图弹出的视图属性管理器中的【使用自定义比例】按钮为模型比例，是指调整此处比例放大或缩小的是模型本身，图版尺寸是真实不变的（在制图时需要注意这一点），保证出图的准确性和可用性。

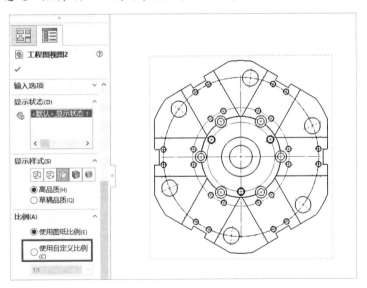

图 5-47　调整模型比例

### 3. 调整视图位置

如图 5-48 所示，选中虚线边框，按住鼠标左键将视图调整到合适的位置。

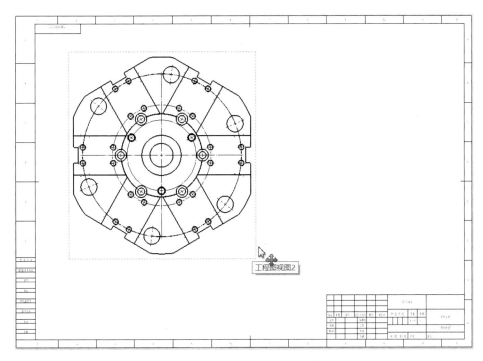

图 5-48　调整刀盘视图的位置

### 4．创建剖面视图

单击【工程图】选项卡中的【剖面视图】按钮 ，在弹出的【剖面视图辅助】属性管理器中单击【剖面视图】按钮，如图 5-49（a）所示，将【切割线】设置为【竖直】，先在主视图上圆心的位置单击选定剖切位置，再单击【确定】按钮 ，如图 5-49（b）所示，生成剖面投影视图，单击【反转方向】按钮，将视图放置到图版中合适的位置，生成剖面视图。

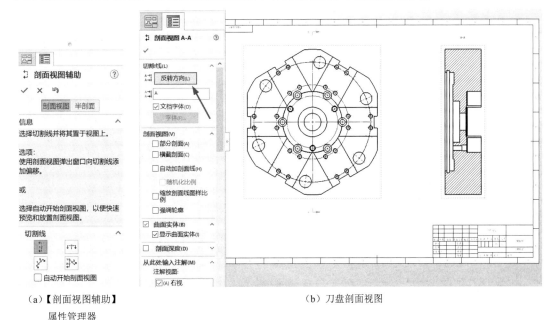

（a）【剖面视图辅助】　　　　　　　　　　　（b）刀盘剖面视图
　属性管理器

图 5-49　生成刀盘剖面视图

### 5．创建辅助视图

刀盘模型的侧面是有结构特征的，单纯的投影视图不足以表达所有的特征，所以此处引入【辅助视图】对结构进行表达。其实，【辅助视图】就是制图中的各向视图。

单击【工程图】选项卡中的【辅助视图】按钮 ，弹出【辅助视图】属性管理器，如图 5-50 所示。

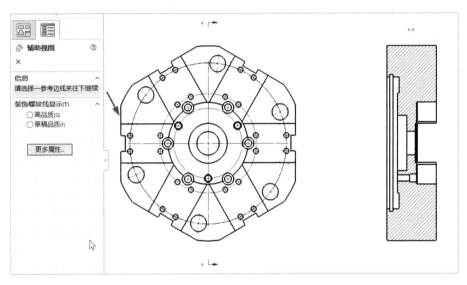

图 5-50　【辅助视图】属性管理器

根据提示选择一条模型边线作为辅助视图的投影参考，生成辅助视图，按住 Ctrl 键解除辅助视图与主视图的对齐关系，将辅助视图放在如图 5-51 所示的位置。

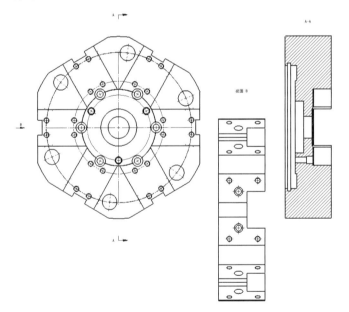

图 5-51　生成的辅助视图

### 6．剪裁视图

在表达侧面特征时，只需要部分正视图形，其余部分可以剪裁掉，所以此处引入了【剪裁视图】。

**【剪裁视图】**：剪裁圈定区域范围之外的图形，留下圈定区域之内的图形。

单击【草图】选项卡中的【边角矩形】按钮，绘制如图 5-52 所示的线条，并且使闭合线条处于高亮选定状态。

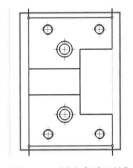

彩色图

图 5-52　圈定保留区域

单击【工程图】选项卡中的【剪裁视图】按钮 ，如图 5-53 所示，生成的剪裁视图如图 5-54 所示。

图 5-53　单击【剪裁视图】按钮

### 7．添加中心线

单击【注解】选项卡中的【中心符号线】按钮 ⊕ 和【中心线】按钮 ，为各个视图添加中心线，如图 5-55 所示。

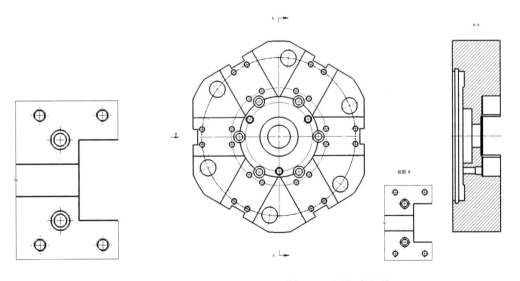

图 5-54　剪裁视图　　　　　　　　　　图 5-55　添加中心线

**提示 1**：在为主视图添加中心线时，由于孔特征比较多，单纯单击圆弧添加一条中心符号线是不够的，因此这里先单击【中心符号线】按钮 ⊕ ，再在弹出的【中心符号线】属性管理器中单击【圆形中心符号线】图标，并勾选【径向线】复选框，接着在图形上单击刀盘外圆弧轮廓，以及需要径向线和圆形中心线的孔，这样就可以生成如图 5-56（a）所示的中心符号线。

**提示2**：如图 5-56（b）所示，单击【线性中心符号线】按钮，按照孔的线性分布情况，依次为每组孔添加线性中心符号线。

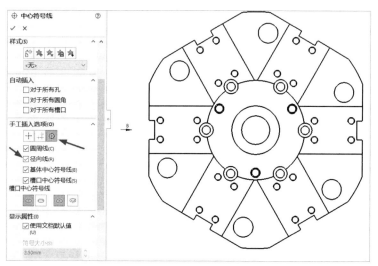

（a）【中心符号线】属性管理器

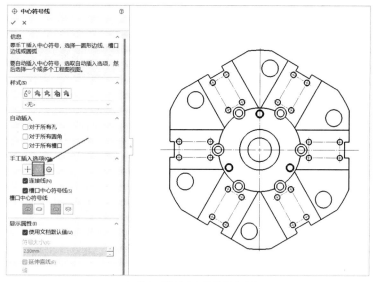

（b）单击【线性中心符号线】按钮

图 5-56　添加中心符号线

### 8. 标注尺寸

将直径尺寸【Ø21】变成【6-Ø21▽1.5 均布】的操作如下：单击【Ø21】尺寸线，在弹出的【尺寸】属性管理器中选择相关符号并输入如图 5-57 所示的数字和文字信息即可。

【孔标注】 ⊔⌀孔标注 包含直径符号 Φ 和孔直径的尺寸。如果孔的深度已知，那么标注将包含深度符号▽和深度尺寸。如果孔是由异型孔向导生成的，那么标注包含额外的信息（如锥形沉头孔的尺寸或孔的实例数）。

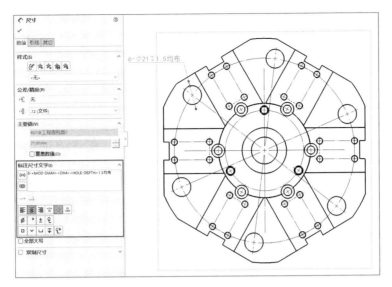

图 5-57　均布孔标注

单击【注解】选项卡中的【孔标注】按钮，如图 5-58 所示，对螺纹孔和沉头孔进行标注，如图 5-59 所示。

图 5-58　单击【孔标注】按钮

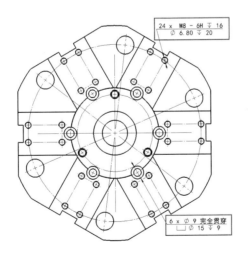

图 5-59　孔标注

单击【注解】选项卡中的【智能尺寸】按钮，继续对三视图进行相对应的尺寸标注，如图 5-60 所示。

### 9．添加技术要求

单击【注解】选项卡中的【注释】按钮 **A**，如图 5-61 所示，在图幅的适当位置单击，输入技术要求的相关内容, 如图 5-62 所示, 输入完成的技术要求如图 5-63 所示。制作完成的刀盘工程图如图 5-64 所示。

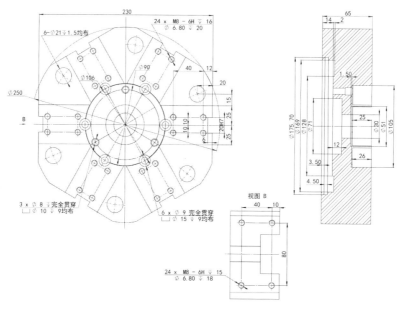

图 5-60　刀盘尺寸标注

图 5-61　单击【注释】按钮

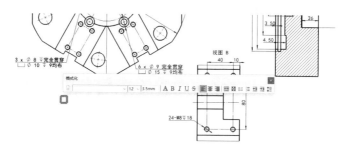

图 5-62　输入技术要求

工程图 03 刀盘
零件工程图
(扫码看视频)

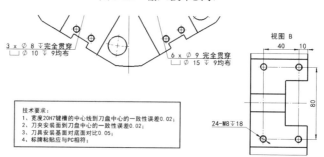

技术要求:
1、宽度20H7键槽的中心线到刀盘中心的一致性误差0.02;
2、刀夹安装面到刀盘中心的一致性误差0.02;
3、刀具安装基面对底面对比0.05;
4、标牌粘贴应与PC相符;

图 5-63　技术要求

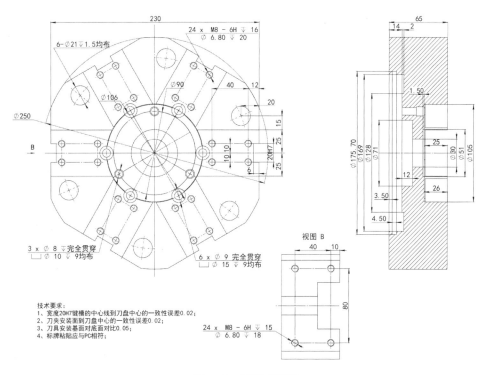

图 5-64　刀盘工程图

# 5.4　轮类零件工程图

 设计思路

　　轮类零件属于回转体零件，是典型零件的一种，与盘类零件同属轮类零件，一般采用两个视图表达。本节以带轮这一典型机加工零件为例来讲解轮类零件工程图。

　　带轮零件三维模型如图 5-65 所示。

图 5-65　带轮零件三维模型

 任务步骤

## 1．新建工程图

单击菜单栏中的【文件】菜单按钮，在弹出的菜单中选择【新建】命令，或者单击菜单栏中

的【新建】按钮，在打开的【新建 SOLIDWORKS 文件】对话框中选择【gb_a3】模板创建工程图。单击【确定】按钮进入工程图软件界面，如图 5-66 所示。创建工程视图可以采用多种方法。按 Esc 键可退出模型视图创建界面。

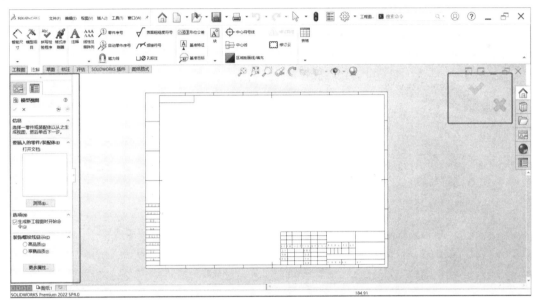

图 5-66　工程图软件界面

### 2. 创建工程视图

单击任务窗格中的【视图调色板】按钮，如图 5-67 所示，打开【视图调色板】面板。由于是直接新建的工程图，因此【视图调色板】面板中没有显示零件视图，如图 5-68 所示，单击【浏览】按钮关联带轮零件，这样就为零件和工程图创建了关联关系，如图 5-69 所示，调色板上会出现带轮的各向视图。选中上视图，按住鼠标左键，将其从【视图调色板】面板中拖到绘图区中合适的位置，松开鼠标左键，生成带轮主视图，如图 5-70 所示。

图 5-67　单击【视图调色板】按钮

图 5-68　【视图调色板】面板

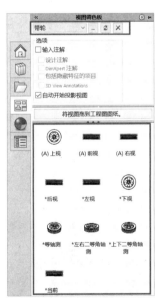

图 5-69　关联零件

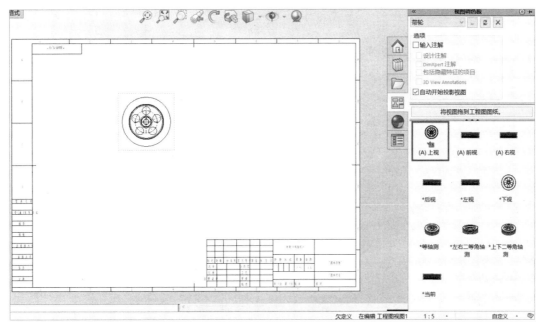

图 5-70 生成带轮主视图

按 Esc 键取消当前投影视图命令。右下角图纸比例为 1∶5，当前视图在图版上比较小，大小不太合适，需要调整图纸比例。如图 5-71 所示，在图版左下角的【图纸 1】按钮处右击，在弹出的菜单中选择【属性】命令，打开【图纸属性】对话框，如图 5-72 所示。将图纸比例更改为 1∶2，确定投影类型为第一视角，单击【应用更改】按钮，完成设置。更改比例之后的主视图如图 5-73 所示。

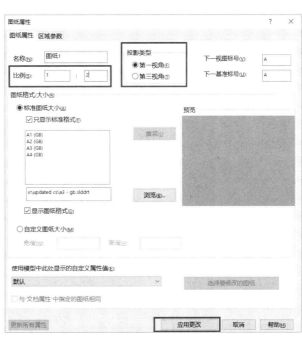

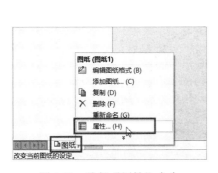

图 5-71 选择【属性】命令　　　　　　　图 5-72 【图纸属性】对话框

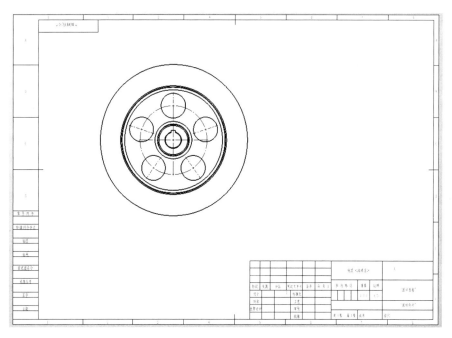

图 5-73　更改比例之后的主视图

### 3．调整视图位置

选中虚线边框并按住鼠标左键，将视图拖到合适的位置。

### 4．创建旋转剖面视图

单击【工程图】选项卡中的【剖面视图】按钮 ⬚ ，在弹出的【剖面视图辅助】属性管理器中单击【对齐】按钮 ⬚ （制图中的"旋转剖"），显示如图 5-74 所示的切割线，接着在如图 5-75 所示的位置 1 处操作，即在主视图上圆心的位置单击，确定旋转剖切割线旋转中心，在竖直方向单击，确定竖直部分剖切线，如图 5-75 所示的位置 2 处，之后在如图 5-75 所示的位置 3 处单击，确定旋转部分剖切位置后单击，生成剖面投影视图，将该视图放到图版中的合适位置单击，生成剖面视图，如图 5-76 所示。

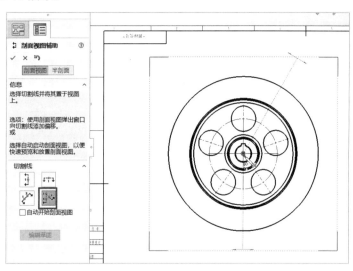

图 5-74　显示切割线

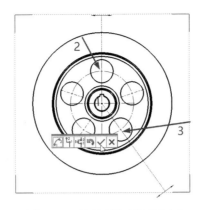

图 5-75　"旋转剖"剖切通过点

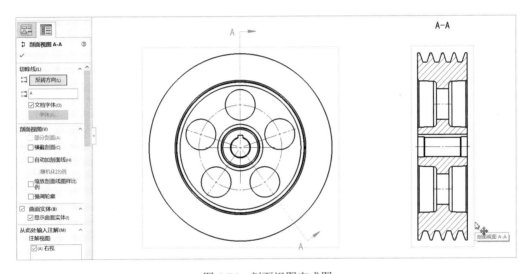

图 5-76　剖面视图完成图

## 5．切边处理

如图 5-77 所示，在主视图和剖视图上右击，在弹出的快捷菜单中选择【切边】→【切边不可见】命令，将模型的圆形切边隐藏，生成如图 5-78 所示的视图。

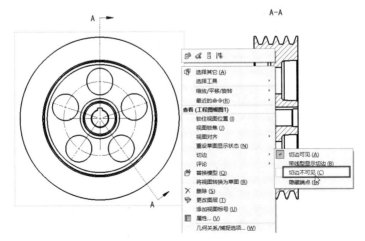

图 5-77　选择【切边】→【切边不可见】命令

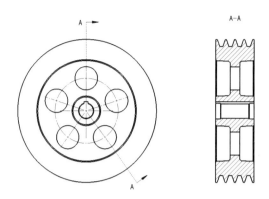

图 5-78　切边不可见视图

### 6．添加中心线

单击【注解】选项卡中的【中心符号线】按钮和【中心线】按钮，为各个视图添加中心线，完成图如图 5-79 所示。

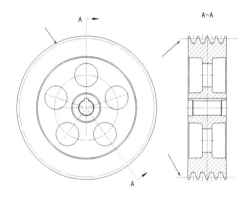

图 5-79　添加中心线完成图

> **提示**：按照如图 5-79 箭头所示的位置，单击【草图】选项卡中的【中心线】按钮，绘制带轮基准直径中心线。

### 7．标注尺寸

单击【注解】选项卡中的【智能尺寸】按钮，对视图进行相对应的尺寸标注，完成图如图 5-80 所示。

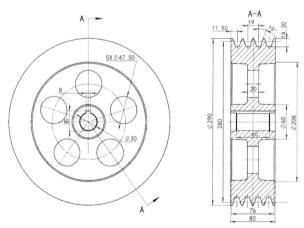

图 5-80　尺寸标注完成图

### 8．标注公差

前面已经介绍了如何进行尺寸标注，接下来讲解公差标注。

单击【Ø290】尺寸，展开【公差/精度】组，在【公差类型】下拉列表中选择【双边】选项，如图 5-81 所示，尺寸线上就会出现公差的样式。在选择【双边】选项之后，会出现【最大变量】文本框和【最小变量】文本框，在这两个文本框中输入如图 5-82 所示的数值，完成公差标注。

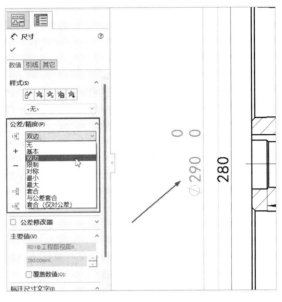

图 5-81　选择【双边】选项

图 5-82　标注公差

**提示**：若上偏差也是负值，则将"-"输入【最大变量】文本框中；若下偏差也是正值，则将"+"输入【最小变量】文本框中，如图 5-83 所示。

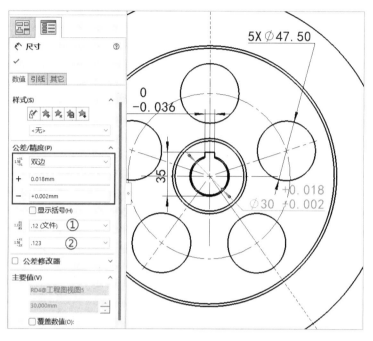

图 5-83　输入偏差值

采用相同的方法可以设置【Ø30】尺寸的公差，由于小数点后有 3 位数字，因此在【公差/精度】组的【单位精度】下拉列表中选择如图 5-83 中②所示的精度等级。

**提示：**图 5-83 中①所示的【单位精度】下拉列表是指尺寸数值的小数位数精度等级。

至此完成公差标注，如图 5-84 所示。

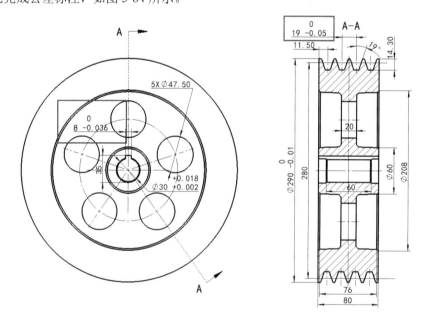

图 5-84　上、下偏差值不等的公差标注

单击【Ø208】尺寸，在【公差类型】下拉列表中选择【对称】选项（见图 5-85），在【最大变量】文本框中输入【0.50mm】（见图 5-86）。

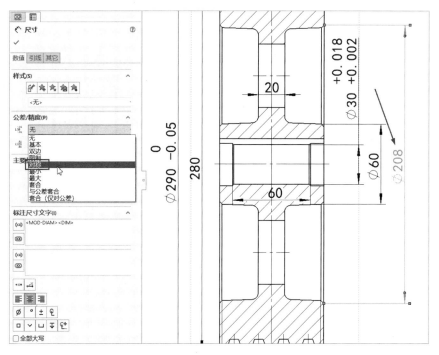

图 5-85　选择【对称】选项

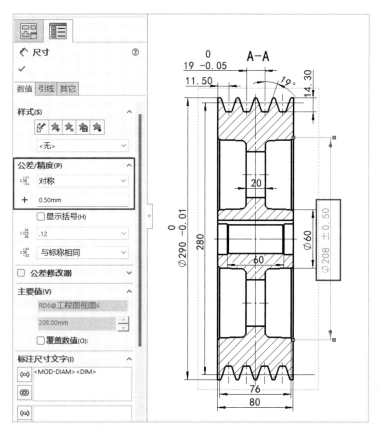

图 5-86　输入对称公差数值

公差标注完成图如图 5-87 所示。

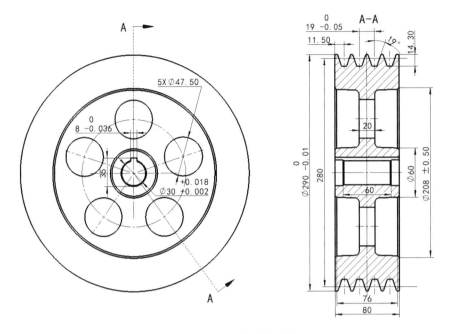

图 5-87　公差标注完成图

### 9. 添加粗糙度符号

单击【注解】选项卡中的【表面粗糙度符号】按钮 √，如图 5-88 所示。在弹出的【表面粗糙度】属性管理器中，展开【符号】组，选择【要求切削加工】选项，在视图上会出现表面粗糙度样式，单击如图 5-89 所示的位置放置表面粗糙度符号。

继续为图 5-90 中的【76】和【80】添加粗糙度要求。

图 5-88　单击【表面粗糙度符号】按钮

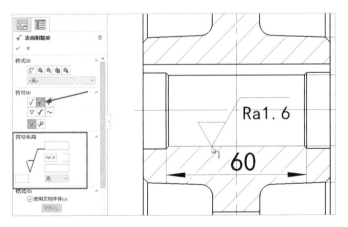

图 5-89　放置表面粗糙度符号

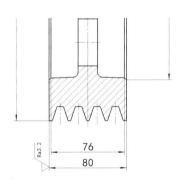

图 5-90　需要标注的粗糙度

单击【表面粗糙度】属性管理器的【引线】组中的【引线】按钮，添加如图 5-91 所示的带指引线的粗糙度样式。粗糙度标注完成图如图 5-92 所示。

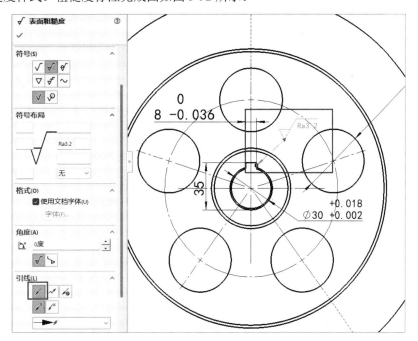

图 5-91　添加带指引线的粗糙度样式（为带引线的粗糙度）

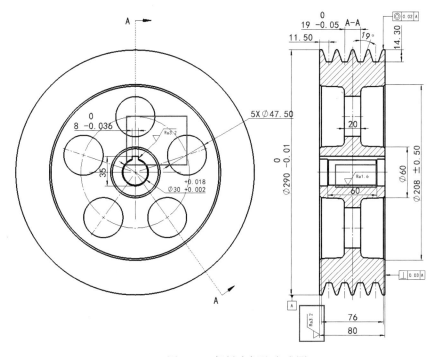

图 5-92　粗糙度标注完成图

## 10．添加基准符号和形位公差

单击【注解】选项卡中的【基准特征】按钮，如图 5-93 所示，为图纸添加基准符号。

图 5-93　单击【基准特征】按钮

在弹出的【基准特征】属性管理器中，单击【引线】组中的【水平】按钮，如图 5-94（a）所示，在弹出的引线中单击【方形】按钮，如图 5-94（b）所示。在如图 5-95 所示的位置单击，确定基准位置。

（a）单击【水平】按钮

（b）单击【方形】按钮

图 5-94　设置基准特征

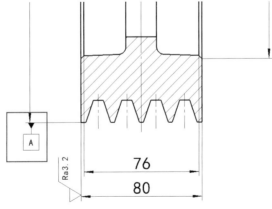

图 5-95　标注基准特征

## 11．添加形位公差

单击【注解】选项卡中的【形位公差】按钮 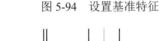，如图 5-96 所示。

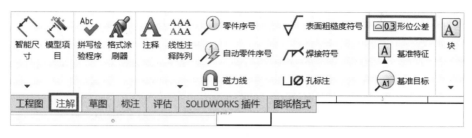

图 5-96　单击【形位公差】按钮

在弹出的【形位公差】属性管理器中可以切换引线的显示方式，如图 5-97 所示。单击如图 5-98 所示的边线位置，将指引线水平拉直后单击，弹出如图 5-99 所示的【公差符号】提示框，单击【垂直度】按钮⊥，打开如图 5-100 所示的【公差】对话框。在该对话框的列表框中选择【范围】选项，在对应的文本框中输入【0.03】，单击【添加基准】按钮，打开【Datum】对话框，如图 5-101 所示。单击【Datum】对话框中的【完成】按钮，完成形位公差标注。垂直度公差完成图如图 5-102 所示。

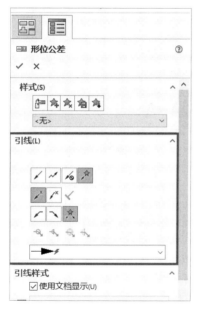

图 5-97　设置引线

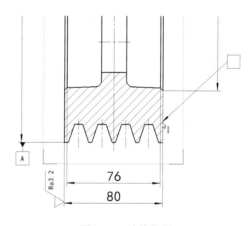

图 5-98　边线位置

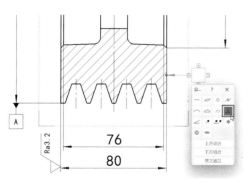

图 5-99　【公差符号】提示框

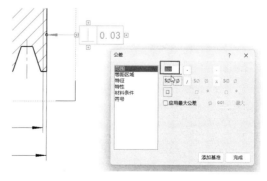

图 5-100　【公差】对话框

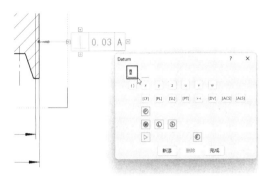

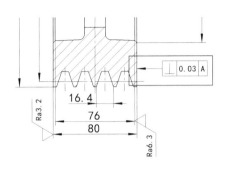

图 5-101　【Datum】对话框　　　　　　　　图 5-102　垂直度公差完成图

继续标注形位公差。单击【形位公差】按钮 ，在弹出的【形位公差】属性管理器中单击【多转折引线】按钮，如图 5-103 所示，添加如图 5-104 所示的形位公差。

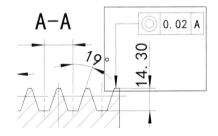

图 5-103　单击【多转折引线】按钮　　　　　图 5-104　添加形位公差

**提示：** 在单击【多转折引线】按钮时，右击引线，在弹出的快捷菜单中选择【结束引线】命令（见图 5-105），或者双击鼠标左键，可以结束引线的继续转折。

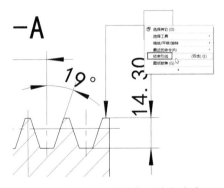

图 5-105　选择【结束引线】命令

工程图 04 旋转
剖工程图
（扫码看视频）

### 12. 添加技术要求

单击【注解】选项卡中的【注释】按钮 **A**，在图幅的适当位置单击，输入技术要求的相关内容，最终完成图纸编制，如图 5-106 所示。

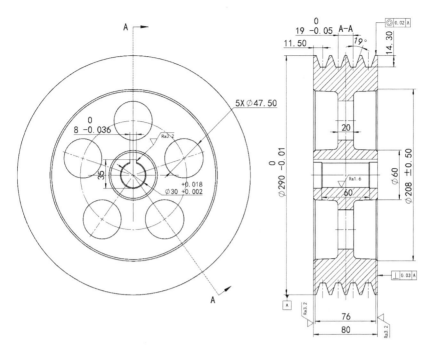

图 5-106　轮工程图

## 5.5　箱体类零件工程图

设计思路

　　箱体类零件一般是机器及部件的主要零件，起支承和包容其他零件的作用，内外结构一般比较复杂。箱体类零件往往需要 3 个或 3 个以上的基本视图，并采用各种剖视图及不同剖切方法来表达主体结构。本节以箱座这一典型箱体类零件为例展开介绍。

　　箱座模型如图 5-107 所示。

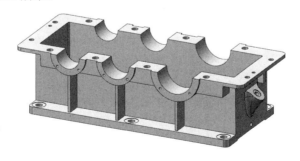

图 5-107　箱座模型

任务步骤

### 1．新建工程图

打开第 3 章的【底座】零件。单击菜单栏中【文件】菜单按钮，在弹出的菜单中选择【从零件制作工程图】命令，打开【新建 SOLIDWORKS 文件】对话框，选择【gb_a1】模板创建工程图。

### 2. 创建工程视图

单击任务窗格中的【视图调色板】按钮，打开【视图调色板】面板，单击【前视】图标，按住鼠标左键将其由【视图调色板】面板拖到图纸中，选择适当的位置放置前视图，并投影其他视图，按 Esc 键退出投影状态。箱座基本视图如图 5-108 所示。

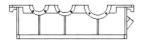 

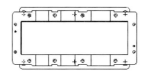

图 5-108　箱座基本视图

将前视图作为主视图，底座上有的特征在左视图上表达不出来，所以需要更换视图。选中【主视图】，在【工程图视图 1】属性管理器中单击【后视图】按钮，如图 5-109 所示，在打开的【改变工程图视图方向】对话框中单击【是】按钮，切换主视图，俯视图和左视图的视图方向也随之改变（见图 5-110），达到视图表达的要求。

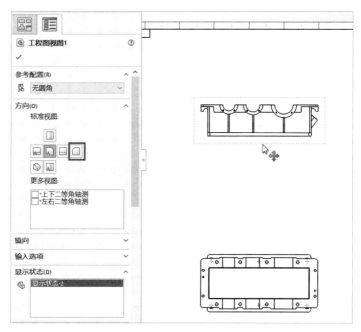

图 5-109　【工程图视图 1】属性管理器

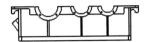

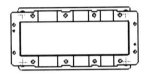

图 5-110 更改主视图后的三视图

当前右下角图纸比例为 1:5，视图在图版上比较小，需要调整图纸比例，使模型和图版的大小更合适。

在图版左下角的【图纸 1】处右击，在弹出的快捷菜单中选择【属性】命令，打开【图纸属性】对话框。将图纸比例更改为 1:2，投影类型设置为第一视角，单击【应用更改】按钮，完成设置。更改图纸比例之后的视图如图 5-111 所示。

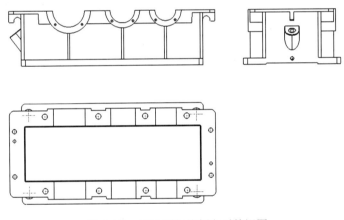

图 5-111 更改图纸比例之后的视图

### 3．调整视图位置

选中虚线边框，按住鼠标左键将视图拖动到合适的位置。

### 4．创建半剖视图

目前的左视图无法表达零件的全部结构特征，所以需要创建半剖视图，用来表达零件结构的内部特征。但是原有的左视图无法继续使用，所以选中左视图，按 Delete 键，在弹出的对话框中单击【是】按钮，将其删除。

单击【工程图】选项卡中的【剖面视图】按钮，在弹出的【剖面视图辅助】属性管理器中单击【半剖面】按钮（见图 5-112），单击【顶部右侧】按钮，在俯视图上选定剖切位置（见图 5-113），单击后即可生成半剖视图。

图 5-112　单击【半剖面】按钮

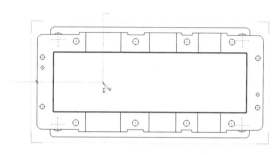

图 5-113　选定剖切位置

**提示：** 将鼠标指针依次悬停于边线和轴孔的中点上，此时会确定一个如图 5-113 所示的交点。

在弹出的【剖面视图】对话框中会提示【筋特征】区域（见图 5-114），此提示是为了将制图表达中不需要剖切线的特征从剖切范围中排除，如果能够从视图中直接选出筋特征，那么可以通过直接单击将筋特征选入。此时发现无法直接从主视图和俯视图中选择，单击【确定】按钮，先略过此处。

图 5-114　提示选择筋特征

生成的半剖视图如图 5-115 所示，此时未放置投影视图。

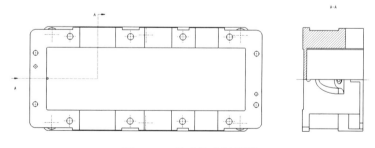

图 5-115　生成的半剖视图

**提示 1：** 按住 Ctrl 键可以直接解除投影视图与父级视图的投影对齐关系。

**提示 2：** 也可以在放置投影视图后右击，如图 5-116 所示，在弹出的快捷菜单中选择【视图对齐】→【解除对齐关系】命令，解除当前视图与父级视图的对齐关系。

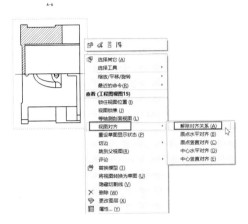

图 5-116　【解除对齐关系】按钮

### 5. 创建筋的剖视图

在半剖视图 A-A 上右击，在弹出的快捷菜单中选择【属性】命令，如图 5-117 所示，打开【工程视图属性】对话框。

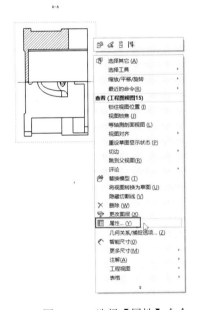

图 5-117　选择【属性】命令

单击【工程视图属性】对话框中的【剖面范围】选项卡，如图 5-118 所示，单击【筋特征】区域，在视图上寻找筋特征。

此时在视图上无法找到筋特征，所以单击左侧的属性管理器中的【FeatureManager 设计树】按钮（见图 5-119），切换到 FeatureManager 设计树显示状态下。

如图 5-120 所示，单击【剖面视图 A-A】前面的三角符号，展开下拉设计树，单击【箱座】零件前面的三角符号，展开其特征设计树。

从设计树中找到筋特征，如图 5-121 所示。由于无法确定哪条筋是当前剖切线经过的筋特征，因此将筋特征及镜向筋特征全部放入【筋特征】区域，如图 5-122 所示。单击【确定】按钮，完成筋特征不剖切的设定。筋特征完成图如图 5-123 所示。

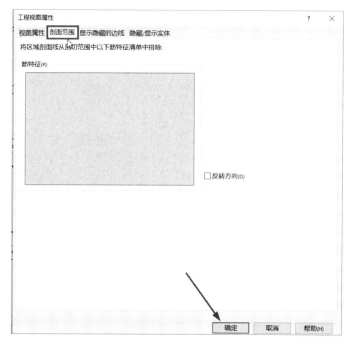

图 5-118　单击【剖面范围】选项卡

图 5-119　单击【FeatureManager 设计树】按钮

图 5-120　【箱座】的特征设计树

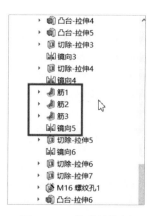

图 5-121　找到筋特征

图 5-122　【筋特征】区域

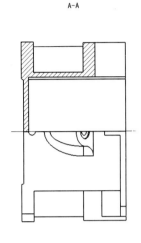

图 5-123　筋特征完成图

## 6. 旋转视图

按住鼠标左键，将生成的半剖视图拖到左视图位置，如图 5-124 所示。

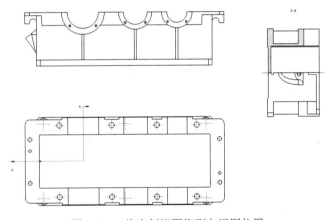

图 5-124　将半剖视图拖到左视图位置

图 5-124 中的视图方向对应不正确。选中半剖视图，单击前导视图中的【旋转视图】按钮 ，如图 5-125 所示。在弹出的【旋转工程视图】对话框的【工程视图角度】文本框中输入【90 度】，并单击【应用】按钮，如图 5-126 所示。单击【旋转工程视图】对话框中的【关闭】按钮，生成如图 5-127 所示的视图。

**提示**：如果方向不正确，则输入【-90 度】。

图 5-125　单击【旋转视图】按钮

图 5-126 【旋转工程视图】对话框

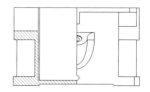

图 5-127 左视图旋转之后的视图

### 7. 为视图添加对齐关系

在视图上右击,在弹出的快捷菜单中选择【视图对齐】→【中心水平对齐】命令(见图 5-128),此时鼠标指针变为 ，若选择主视图,则左视图与主视图重新建立对齐关系,如图 5-129 所示。调整之后的三视图如图 5-130 所示。

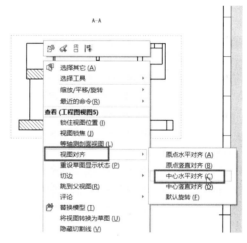

图 5-128 选择【中心水平对齐】命令

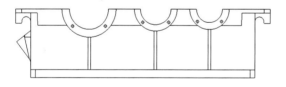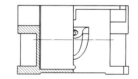

图 5-129 调整之后的视图

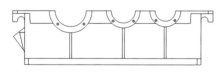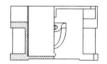

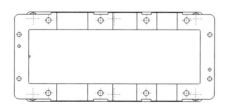

图 5-130 调整之后的三视图

> **提示 1**：若选择【原点水平对齐】命令或【原点竖直对齐】命令，则以原点为基准对齐。
> **提示 2**：若选择【中心水平对齐】命令或【中心竖直对齐】命令，则以模型的几何中心为基准对齐。

### 8. 隐藏切割线

此案例不需要显示切割线。在 FeatureManager 设计树中，展开【剖面视图 A-A】，右击【切除线 A-A】，在弹出的快捷菜单中选择【隐藏切割线】命令（见图 5-131），将俯视图中的切割线 A-A 隐藏（见图 5-132）。

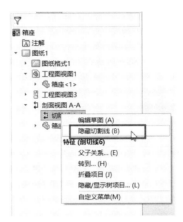

图 5-131　选择【隐藏切割线】命令

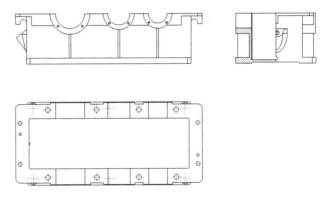

图 5-132　隐藏切割线 A-A 之后的三视图

### 9. 创建断开的剖视图

单击【工程图】选项卡中的【断开的剖视图】按钮，如图 5-133 所示，在主视图中圈出要做局部剖切的闭合区域，如图 5-134 所示。

图 5-133　单击【断开的剖视图】按钮

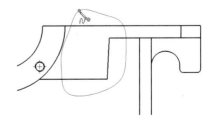

图 5-134　圈出要做局部剖切的闭合区域

在形成闭合区域之后会弹出【断开的剖视图】属性管理器，如图 5-135 所示。

图 5-135 【断开的剖视图】属性管理器

在俯视图上单击如图 5-136 所示的安装孔圆形边线作为【深度】组中【深度参考】的选择，勾选【预览】复选框，生成如图 5-137 所示的局部剖视图，单击【确定】按钮，完成操作。

继续使用【断开的剖视图】命令生成如图 5-138 所示的油压孔局部剖视图。

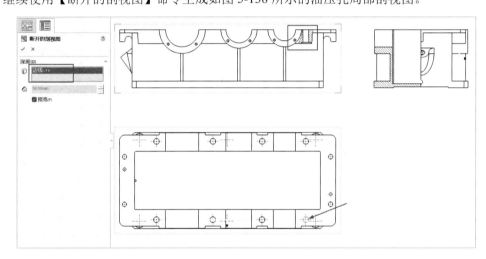

图 5-136 参数设置

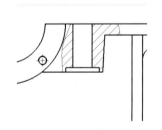

图 5-137 螺栓孔局部剖视图

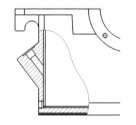

图 5-138 油压孔局部剖视图

继续操作，完成主视图的局部剖切，局部剖视图如图 5-139 所示。

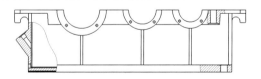

图 5-139 主视图的局部剖视图

完成的三视图的局部剖视图如图 5-140 所示。

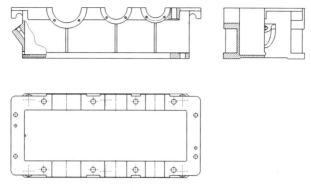

图 5-140　三视图的局部剖视图

【深度】：选择一条边线或圆弧等能作为参考的实体为【断开的剖视图】命令指定深度。

【尺寸】：直接输入数值为【断开的剖视图】命令指定深度。

**提示 1**：图 5-138 所示剖视图的【深度】组中的【深度参考】选择的是左视图的圆弧边线，如图 5-141 所示。

**提示 2**：图 5-139 中右下角的局部剖视图是以如图 5-142 所示的圆弧为【深度】组选择的。

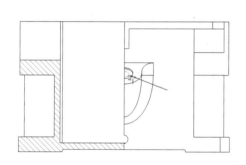

图 5-141　油压孔的深度参考选择

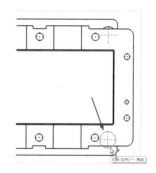

图 5-142　底面厚度深度参考

## 10．切边处理

分别在主视图、俯视图和左视图上右击，在弹出的快捷菜单中选择【切边】→【切边不可见】命令，将模型的圆形切边隐藏，生成如图 5-143 所示的视图。

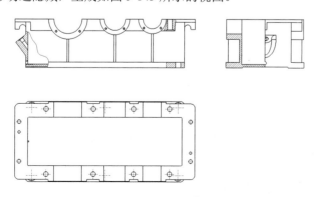

图 5-143　设置切边不可见之后的视图

注：左视图的切边，如果直接应用【切边不可见】命令，则弧形轮廓边线会被隐藏。此处在左视图的切边线上右键，在弹出的快捷菜单中选择【隐藏/显示】按钮 ，将多余的切边隐藏。

### 11. 添加辅助视图

单击【工程图】选项卡中的【辅助视图】按钮 ，如图 5-144 所示，弹出的【辅助视图】属性管理器如图 5-145 所示。根据提示选择一条模型边线作为辅助视图的投影参考，生成辅助视图，按住 Ctrl 键解除辅助视图与主视图的对齐关系，将辅助视图放置在如图 5-146 所示的位置。

图 5-144　【辅助视图】按钮

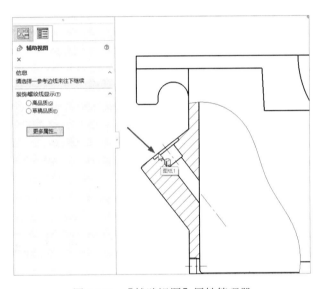

图 5-145　【辅助视图】属性管理器

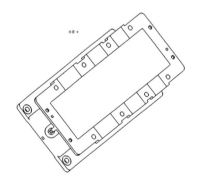

图 5-146　生成的辅助视图

### 12. 旋转视图

单击【草图】选项卡中的【直线】按钮，添加一条竖直中心线，标注尺寸显示的是 52.64°，见图 5-147，即将视图旋转 52.64°才能转正。单击前导视图中的【旋转视图】按钮 ，将视图转正，转正之后的视图如图 5-148 所示。

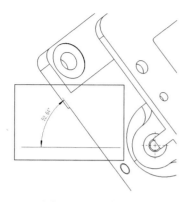

图 5-147　倾斜角度

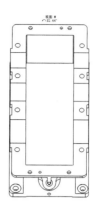

图 5-148　转正之后的视图

### 13．剪裁视图

单击【草图】选项卡中的【样条曲线】按钮 $\bigwedge$ ，绘制如图 5-149 所示的线条，并使闭合线条处于高亮选定状态。单击【工程图】选项卡中的【剪裁视图】按钮 ，生成剪裁视图，如图 5-150 所示。

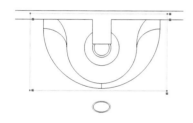

图 5-149　绘制线条

图 5-150　裁剪视图

单击视图 M，勾选【剪裁视图】组中的【无轮廓】复选框，生成无轮廓线的视图样式，如图 5-151 所示，最终生成的局部视图如图 5-152 所示。

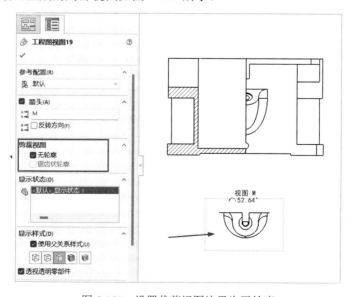

图 5-151　设置裁剪视图边界为无轮廓

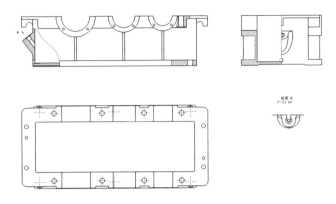

图 5-152　箱座零件添加油压孔之后的局部视图

### 14．添加局部放大视图

单击【工程图】选项卡中的【局部视图】按钮，如图 5-153 所示，这时鼠标指针会变成 。将鼠标指针移动到需要局部放大的位置，单击确定放大的中心，绘制确定放大范围的圆，单击完成局部放大范围的草图绘制，生成局部放大视图并将其放到合适的位置，如图 5-154 所示。

图 5-153　【局部视图】按钮

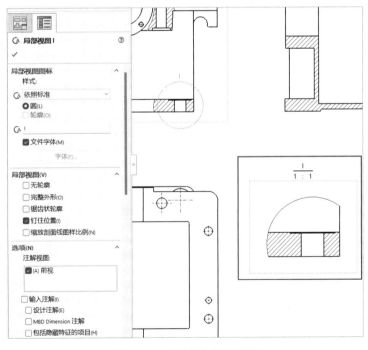

图 5-154　生成局部放大视图

**提示**：单击局部放大视图就会弹出局部放大视图的属性管理器，如图 5-155 所示，可以对生成的局部放大视图执行修改显示样式等操作。

最终生成的箱座零件添加底部孔之后的局部放大视图如图 5-156 所示。

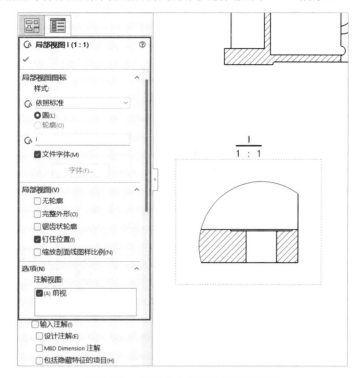

图 5-155　局部放大视图的属性管理器

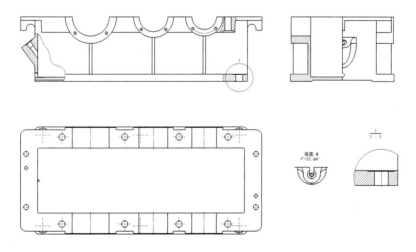

图 5-156　箱座零件添加底部孔之后的局部放大视图

## 15．添加中心线

单击【注解】选项卡中的【中心符号线】按钮和【中心线】按钮，为各个视图添加中心线，如图 5-157 所示。

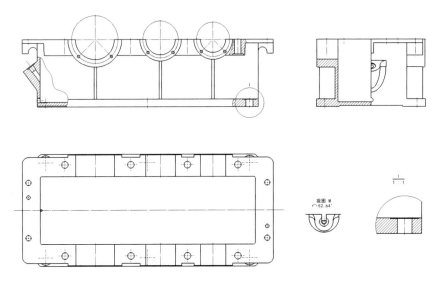

图 5-157　添加中心线

**提示**：在为视图添加中心线或执行其他操作时，看不到遮挡特征的边线，此时可以选中视图，单击【显示样式】组中的【隐藏线可见】按钮（见图 5-158），或者单击前导视图中的【显示类型】下拉列表中的【隐藏线可见】按钮（见图 5-159）。

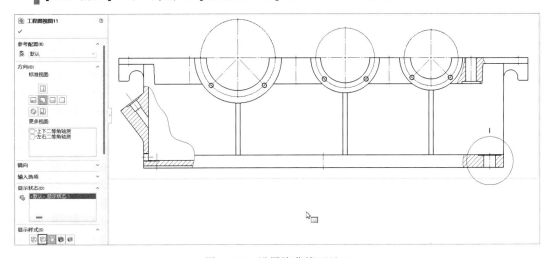

图 5-158　设置隐藏线可见 1

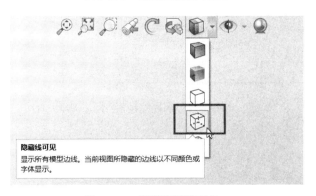

工程图 05 复杂
零件工程图
（扫码看视频）

图 5-159　设置隐藏线可见 2

对显示出来的虚线执行添加中心线操作，之后将【显示样式】设置为【消除隐藏线】，如图 5-160 所示。

最终完成中心线的添加，如图 5-161 所示。

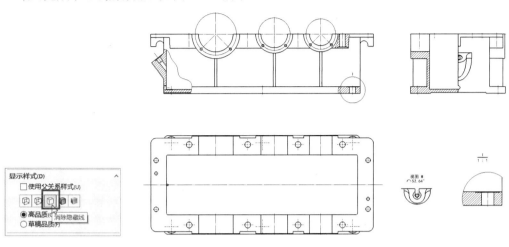

图 5-160　消除隐藏线　　　　　　图 5-161　完成中心线的添加

注：1、端盖安装螺孔处圆形中心线，是将圆形草图实线转化成构造线，然后使用【中心符号线】下的【径向线】，依次选中两个螺纹孔和圆形中心线，生成如上图 5-161 所示的标注。

### 16. 标注尺寸

单击【注解】选项卡中的【智能尺寸】按钮，对视图进行相对应的尺寸标注，如图 5-162 所示。

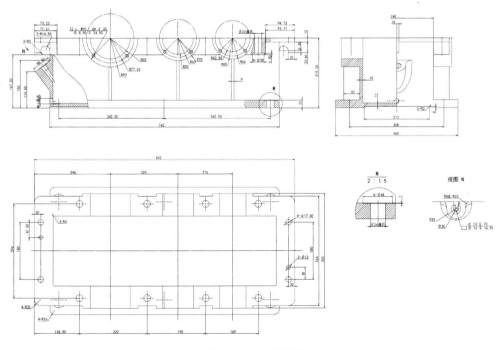

图 5-162　尺寸标注

### 17．添加技术要求

单击【注解】选项卡中的【注释】按钮，在图幅的适当位置单击，输入技术要求的相关内容，如图 5-163 所示。

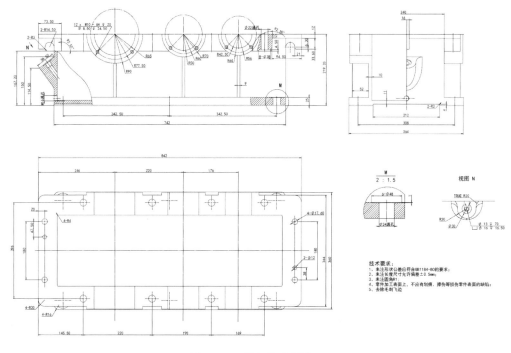

图 5-163　添加技术要求

# 5.6　装配体工程图

## 设计思路

装配体工程图即装配图，用来表达机器或部件的工作原理和装配关系。装配图与零件图的表达内容不同。装配图主要用于机器或部件的装配、调试、安装和维修等场合，是生产中一种重要的技术文件。

本节使用机械爪为例讲解如何创建装配图。机械爪三维模型如图 5-164 所示。

图 5-164　机械爪三维模型

## 任务步骤

### 1．新建工程图

打开【机械爪】装配体，使用【gb_a3】模板创建工程图。

**2．创建三视图**

使用【视图调色板】命令创建如图 5-165 所示的标准三视图，使用 1∶1 的图纸比例。

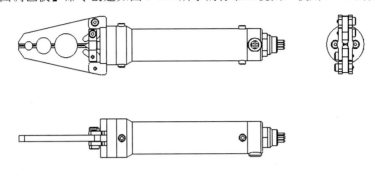

图 5-165　【机械爪】装配体的标准三视图

**3．创建剖视图**

标准三视图无法完全表达零部件间的装配关系。将俯视图删除，对主视图进行剖切，创建剖视图，生成新的俯视图表达内部零部件的装配关系。如图 5-166 所示，过主视图中心上下对称面添加水平剖视图。

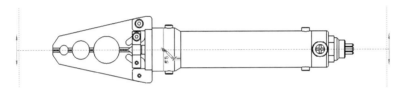

图 5-166　水平剖视图

如图 5-167 所示，【剖面范围】选项卡主要用来控制剖切的范围。可以手动选取不需要剖切的筋特征、一般零部件和标准件。

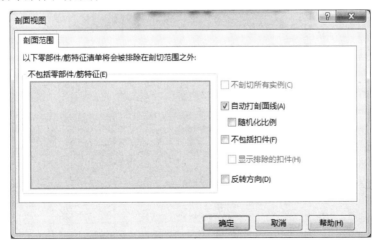

图 5-167　【剖面范围】选项卡

创建的剖视图作为俯视图，主要是为了表达缸体内部零部件的装配位置关系，所以机械手指、滑块、机械手腕、螺旋动力杆、电机、外部接头和螺钉等零部件不需要剖切。但是此时选择上述零部件相对困难，因此先不做选择，直接单击【确定】按钮完成剖视图，如图 5-168 所示。

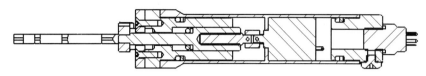

图 5-168　剖视图

如图 5-169 所示，在剖视图上右击，在弹出的快捷菜单中选择【属性】命令。

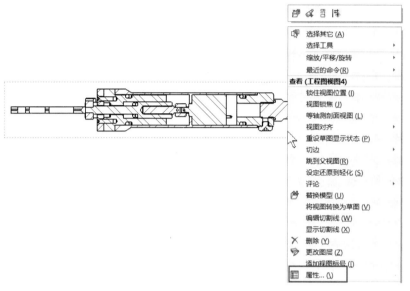

图 5-169　选择【属性】命令 1

**提示**：另一种方式是在 FeatureManager 设计树中右击【剖面视图 A-A】，在弹出的快捷菜单中选择【属性】命令，如图 5-170 所示。

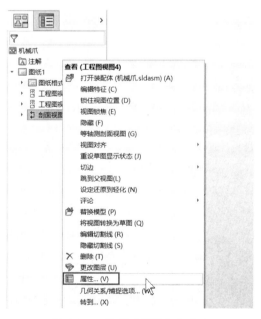

图 5-170　选择【属性】命令 2

如图 5-171 所示，单击【工程视图属性】对话框中的【剖面范围】选项卡，选择上面创建的剖视图中的螺旋动力杆、电机、外部接头和螺钉等零部件，单击【确定】按钮。

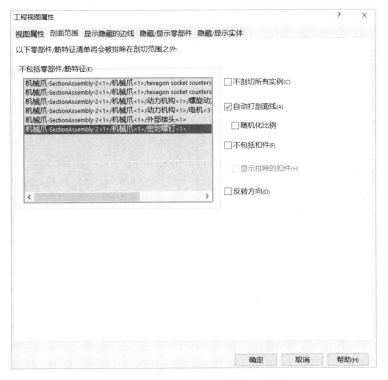

图 5-171　【工程视图属性】对话框

如图 5-172 所示，上述零部件已经被排除到剖面范围之外，但是在默认情况下，被剖切的零部件剖面线角度和间距可能是一样的，这不符合制图规范。接下来手动修改零部件剖面线角度和间距。

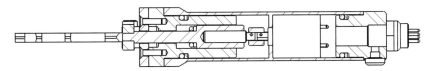

图 5-172　部分零部件不剖切的剖视图

如图 5-173 所示，选取剖视图中【螺旋推杆】零部件的剖面线，弹出【区域剖面线/填充】属性管理器。

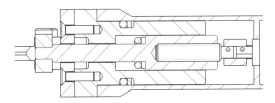

图 5-173　选取剖面线

如图 5-174 所示，取消勾选【材质剖面线】复选框，剖面线属性变成可编辑状态，在【剖面线图样比例】文本框中输入【4】，单击【确定】按钮，退出属性编辑状态。完成的剖视图如图 5-175 所示。

图 5-174　【区域剖面线/填充】属性管理器

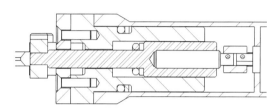

图 5-175　完成的剖视图

**提示1**：可以在【剖面线图样角度】文本框中输入其他数值，以改变剖面线的方向。

**提示2**：可以勾选【剖面范围】选项卡中的【随机化比例】复选框，如图 5-176 所示，直接将不同零部件的剖面线随机化比例。

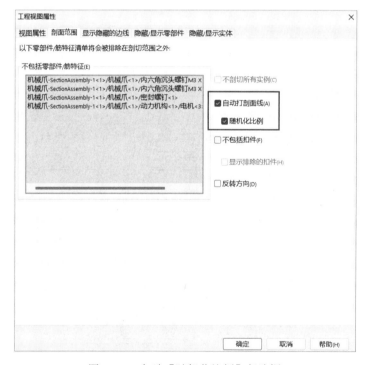

图 5-176　勾选【随机化比例】复选框

**提示3**：剖面线的样式与零部件的材质有关，在零部件建模过程中为零部件添加好材质，并将其他零部件剖面线属性修改为合适的参数。

修改剖面线之后的剖视图如图 5-177 所示。

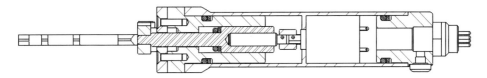

图 5-177　修改剖面线之后的剖视图

## 4．隐藏剖切符号及设定切边不可见

隐藏剖切线并设定切边不可见，如图 5-178 所示。

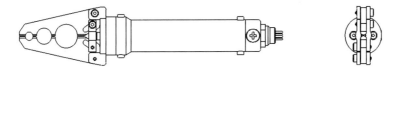

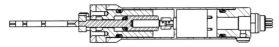

图 5-178　隐藏剖切并设定切边不可见

## 5．创建局部剖视图

单击【工程图】选项卡中的【断开的剖视图】按钮 ，为主视图创建局部剖视图，如图 5-179 所示。

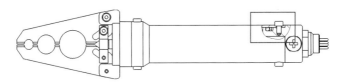

图 5-179　创建局部剖视图 1

单击【工程视图属性】对话框中的【剖面范围】选项卡，在【不包括零部件/筋特征】选区内选取【螺钉】零部件，如图 5-180 所示。

图 5-180　选取【螺钉】零部件

**提示 1**：右击 FeatureManager 设计树中的【断开的剖视图 1】，或者在视图的剖面上右击，在弹出的快捷菜单中选择【属性】命令（见图 5-181），打开【工程视图属性】对话框，单击【剖面范围】选项卡，继续使用【断开的剖视图】命令为主视图创建局部剖视图，如图 5-182 所示。

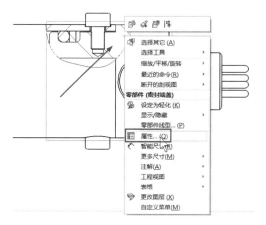

图 5-181　选择【属性】命令 3

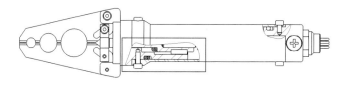

图 5-182　创建局部剖视图 2

**提示 2**：螺钉、键和螺旋动力杆纵向剖切时按不剖切处理。

剖切之后的三视图如图 5-183 所示。

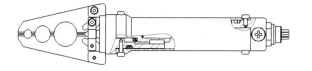

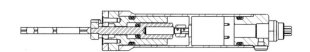

图 5-183　剖切之后的三视图

### 6. 创建交替位置视图

如图 5-184 所示，交替位置视图可以将运动机构的不同工作位置或极限工作位置在一个视图中同时表达出来。交替位置视图是装配体特有的视图工具。

如图 5-185 所示，单击【工程图】选项卡中的【交替位置视图】按钮 ，并选取主视图作为目标对象。如图 5-186 所示，系统会提示使用新配置还是现有配置，此处选中【新配置】单选按钮，单击【确定】按钮。

　　系统自动返回装配体环境，并打开【移动零部件】工具，使用此工具可以确定机械手指的最大张开角度。如图 5-187 所示，将滑块向左拖动到极限位置，单击【确定】按钮。如图 5-188 所示，系统自动返回工程图环境，并在主视图上用虚线显示最大张开角度的极限位置，为最大角度标注尺寸，显示其开合行程。

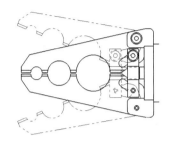

图 5-184　交替位置视图

图 5-185　单击【交替位置视图】按钮

图 5-186　选中【新配置】单选按钮

图 5-187　调整滑块的位置

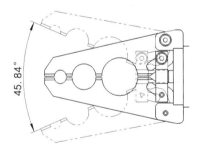

图 5-188　极限位置完成图

### 7. 添加材料明细表和零部件序号

　　单击【注解】选项卡中的【表格】按钮，如图 5-189 所示，在下拉菜单中选择【材料明细表】命令，选取主视图作为目标视图。如图 5-190 所示，在【材料明细表】属性管理器中将【表格模板】设置为【gb-bom-material】，并勾选【附加到定位点】复选框。将【材料明细表类型】设置为【仅限零件】，单击【确定】按钮。

　　在选取表格模板时，单击【浏览】按钮，在弹出的系统文件夹中选择【gb-bom-material.sldbomtbt】，确定表格样式为 GB 明细表模板。

　　系统会自动统计材料明细表，并将材料明细表放在标题栏上方。

　　**提示：**在使用【附加到定位点】命令时，放置材料明细表的位置是由工程图模板决定的。

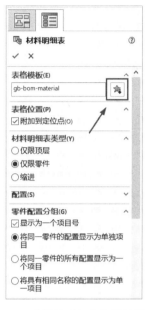

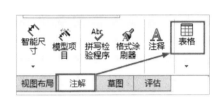

图 5-189　单击【表格】按钮　　　　图 5-190　【材料明细表】属性管理器

　　如图 5-191 所示，材料明细表包含序号、代号、名称、数量、材料、单重、总重及备注。其中，序号、数量和总重是自动生成的，其余属性均需要在零部件和装配体设计阶段添加相关属性。

| 序号 | 代号 | 名称 | 数量 | 材料 | 单重 | 总重 | 备注 |
|---|---|---|---|---|---|---|---|
| 23 | GB/T 70.3-2000 | 内六角沉头螺钉M3 X 12 | 2 | | 0.00 | 0.00 | |
| 22 | GB-T 70.1-2000 | 内六角圆柱头螺钉M3 X 5 | 2 | | 0.00 | 0.00 | |
| 21 | JXZ-5 | 密封螺钉 | 1 | 45 | 0.00 | 0.00 | 外购 |
| 20 | JXZ-4 | 外丝接头 | 1 | 材质＜未指定＞ | 0.00 | 0.00 | 外购 |
| 19 | JXZ-3 | 密封端盖 | 1 | 1060 合金 | 0.00 | 0.00 | |
| 18 | JXZ-2 | 螺钉转柱 | 4 | 45 | 0.00 | 0.00 | |
| 17 | JXZ-6 | 机械手指 | 2 | 45 | 0.00 | 0.00 | |
| 16 | JXZ-1 | 滑块 | 1 | 45 | 0.00 | 0.00 | |
| 15 | JXZ-10 | O型圈Φ10X6 | 1 | 硅橡胶 | 0.00 | 0.00 | |
| 14 | JXZ-09 | 垫片Φ10X6 | 1 | 硅橡胶 | 0.00 | 0.00 | |
| 13 | JXZ-08 | 机械手臂 | 1 | AISI 304 | 0.00 | 0.00 | |
| 12 | GB-T 70.1-2000 | 内六角圆柱头螺钉M2.5 X 6 | 4 | | 0.00 | 0.00 | |
| 11 | GB-T 70.1-2000 | 内六角圆柱头螺钉M3 X 8 | 2 | | 0.00 | 0.00 | |
| 10 | JXZ-08 | 垫片Φ22X16 | 2 | 硅橡胶 | 0.00 | 0.00 | |
| 9 | JXZ-07 | O型圈Φ22X16 | 2 | 硅橡胶 | 0.00 | 0.00 | |
| 8 | JXZ-07 | 推杆固定套 | 1 | 45 | 0.00 | 0.00 | |
| 7 | JXZ-06 | 锁 | 1 | 45 | 0.00 | 0.00 | |
| 6 | JXZ-6 | 螺纹推杆 | 1 | 45 | 0.00 | 0.00 | |
| 5 | JXZ-06 | 螺纹动力杆 | 1 | 45 | 0.00 | 0.00 | |
| 4 | JXZ-04 | 销轴Φ1.5 | 2 | 45 | 0.00 | 0.00 | |
| 3 | JXZ-03 | 联轴器 | 1 | Alloy Steel | 0.00 | 0.00 | 外购 |
| 2 | JXZ-02 | 电机 | 1 | Wrought Stainless Steel | 0.00 | 0.00 | 外购 |
| 1 | JXZ-01 | 主缸体 | 1 | AISI 304 | 0.00 | 0.00 | |
| 序号 | 代号 | 名称 | 数量 | 材料 | 单重 | 总重 | 备注 |

图 5-191　材料明细表

　　由于材料明细表过长，因此需要将其断开一部分放到标题栏的左下方，在如图 5-192 所示序号【8】的位置右击，在弹出的快捷菜单中选择【分割】→【横向上】命令，生成如图 5-193 所示的明细栏。

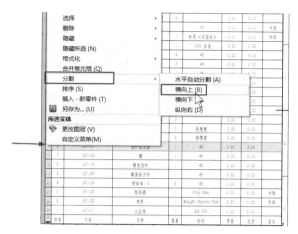

图 5-192 选择【分割】→【横向上】命令

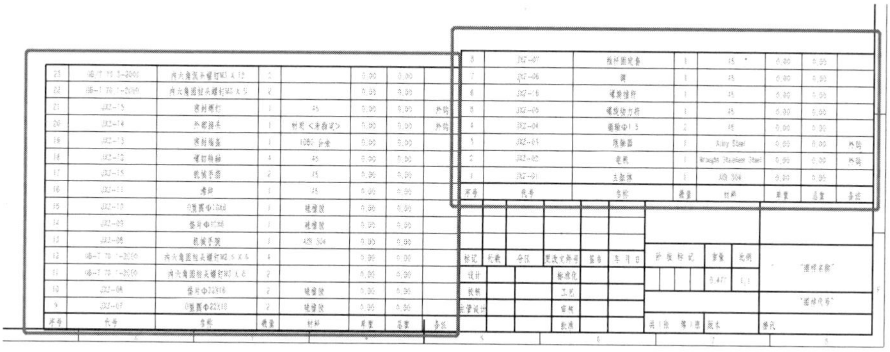

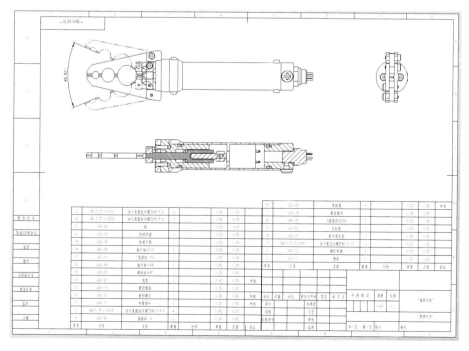

图 5-193 分割后的明细栏

添加明细栏之后的视图如图 5-194 所示。

图 5-194 添加明细栏之后的视图

### 8. 添加零部件序号

在添加序号之前需要将俯视图和左视图全部关联到生成的【材料明细表 7】中，右击俯视图，在弹出的快捷菜单中选择【属性】命令，如图 5-195 所示，打开【工程视图属性】对话框，如图 5-196 所示。

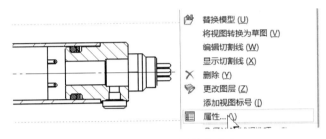

图 5-195　选择【属性】命令 4

图 5-196　【工程视图属性】对话框

单击【视图属性】选项卡，勾选【零件序号】选区中的【将零件序号文本链接到指定的表格】复选框，并从下拉列表中选择【材料明细表 7】选项。

执行同样的操作，将左视图也关联到【材料明细表 7】中。

如图 5-197 所示，单击【注解】选项卡中的【自动零件序号】按钮 ，依次选中主视图、俯视图和左视图。在如图 5-198 所示的【自动零件序号】属性管理器中，选中【引线附加点】选区中的【面】单选按钮，单击【确定】按钮，并调整序号的位置。添加序号之后的视图如图 5-199所示。

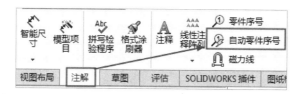

图 5-197 【自动零件序号】按钮

图 5-198 【自动零件序号】属性管理器

工程图—装配体工程图
（扫码看视频）

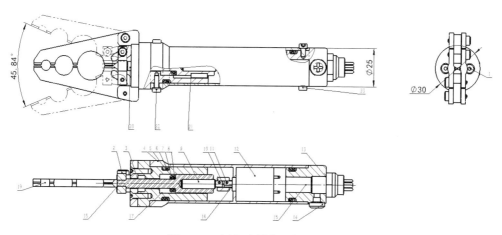

图 5-199 添加序号之后的视图

**提示1**：添加的序号是按照零部件的位置产生的，所以无法在三视图上生成按照蛇形排列的顺序递增或递减的序号。

**提示2**：对于单一视图可以生成按照顺序递增的序号，如图 5-200 所示。

### 9. 添加技术要求

添加如图 5-201 所示的技术要求。

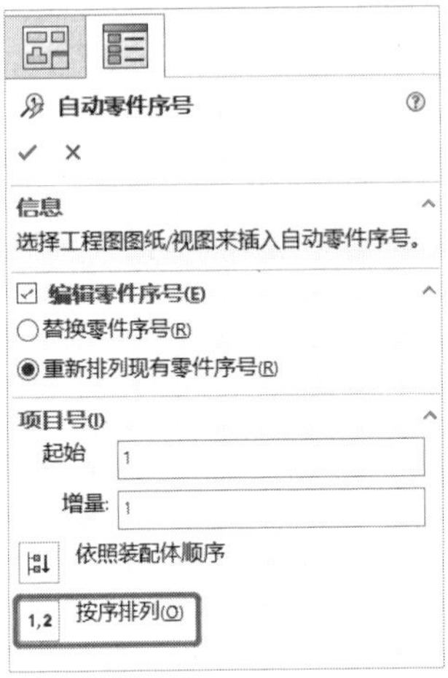

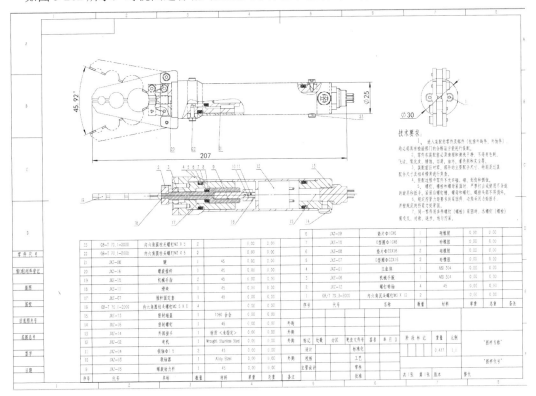

图 5-200    设置顺序递增序号 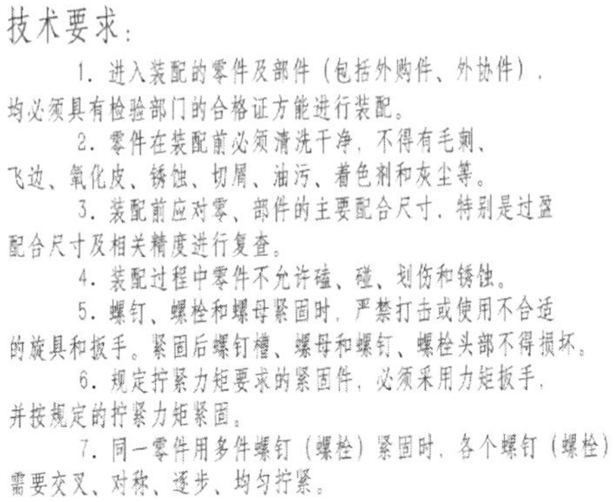                图 5-201    技术要求

### 10. 标注尺寸

如图 5-202 所示，对视图进行相对应的尺寸标注和配合公差标注，完成工程图。

图 5-202    完成后工程图

# 第6章 运动仿真及动画制作生成

## 6.1 Motion 概述

Motion 分析（机构运动）包含刚体运动学及动力学两部分。由于结构的强度、变形等需要校核，因此需要先获取机构运动的真实力学结果，即真实力的传递路径及大小，再将其作为载荷条件，并在单独的有限元软件中进行结构分析。Motion 分析的结果能够直观、直接地显示真实的运动过程。动力学分析不同于运动学分析，为了获得真实力的大小，必须完全消除零部件添加配合关系产生的自由度冗余问题（多个配合关系重复约束同一自由度）。

机构常见配合关系及约束自由度情况如表 6-1 所示，特殊配合关系及约束自由度如表 6-2 所示。

表 6-1　机构常见配合关系及约束自由度情况　　　　　　　　　　单位：个

| 配 合 类 型 | 消除的平移自由度 | 消除的旋转自由度 | 消除的总的自由度 |
| --- | --- | --- | --- |
| 铰链配合 | 3 | 2 | 5 |
| 同心（2 个圆柱） | 2 | 2 | 4 |
| 同心（2 个圆球） | 3 | 0 | 3 |
| 锁定配合 | 3 | 3 | 6 |
| 万向节配合 | 3 | 1 | 4 |
| 螺旋配合 | 2 | 2（+1） | 5 |
| 点对点重合 | 3 | 0 | 3（等同同心的圆球配合） |

表 6-2　特殊配合关系及约束自由度　　　　　　　　　　单位：个

| 配 合 类 型 | 消除的平移自由度 | 消除的旋转自由度 | 消除的总的自由度 |
| --- | --- | --- | --- |
| 点在轴上 | 2 | 0 | 2 |
| 平行（2 个平面） | 0 | 2 | 2 |
| 平行（2 根轴） | 0 | 2 | 2 |
| 平行（轴和平面） | 0 | 1 | 1 |
| 垂直（2 根轴） | 0 | 1 | 1 |
| 垂直（2 个平面） | 0 | 1 | 1 |
| 垂直（轴和平面） | 0 | 2 | 2 |

为了解决冗余问题，需要合理调整装配体顶层零部件之间的自由度约束。

（1）重新调整设计装配体层级关系，即按照机构功能（自由度）划分部件，减少非功能配合关系。

（2）采用低约束自由度的配合关系，如点与线配合、点与面配合等。

本章以机械爪为例介绍运动仿真及动画制作。

## 6.2　前处理

1）基于产品参数构造测试场景模型

创建简化条件下的固定导轨模型、夹紧块模型（简化 Motion 并添加阻力），装配体顶层单独零部件如图 6-1 蓝色部分所示。

彩色图

图 6-1　装配体顶层单独零部件

重构零部件层级关系，按机构主要自由度划分，子装配体（部件）可以自由添加装配关系，在调整过程中删除错误配合。

**注：** 此类操作过程涉及软件三维功能，读者可以自行练习与使用，具体的操作过程此处不再赘述。

2）创建装配体结构

主单元部件（固定）如图 6-2（a）所示；在装配图中以蓝色加边界框显示，如图 6-2（b）所示。

彩色图

（a）部件　　　　　　　　　　　　　　　　　（b）装配图

图 6-2　主单元部件

活塞部件如图 6-3（a）所示，在装配图中以蓝色加边界框显示，如图 6-3（b）所示。

彩色图

（a）部件　　　　　　　　　　　　　　　　　（b）装配图

图 6-3　活塞部件

活塞杆端头（零部件）如图 6-4（a）所示，在装配图中以蓝色加边界框显示，如图 6-4（b）所示。

彩色图

（a）部件　　　　　　　　　　　　　　　　　（b）装配图

图 6-4　活塞杆端头

连杆部件如图 6-5（a）所示，在装配图中以蓝色加边界框显示，如图 6-5（b）所示。

（a）部件

彩色图

（b）装配图

图 6-5　连杆部件

左钳臂部件如图 6-6（a）所示，在装配图中以蓝色加边界框显示，如图 6-6（b）所示。

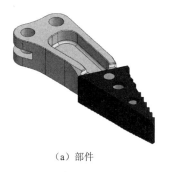

（a）部件

彩色图

（b）装配图

图 6-6　左钳臂部件

可以按照如下步骤解决部件冗余问题。

（1）部件自由度处理：部件设为刚性，即部件内配合的约束自由度不求解。

（2）添加合适的配合关系，消除冗余。

Motion 计算后的自由度如图 6-7 所示。

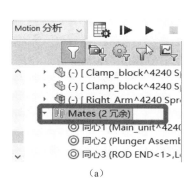

（a）

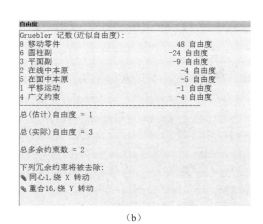

（b）

图 6-7　Motion 计算后的自由度

**注**：在配合关系【Mates】上右击可以选取查看冗余详细信息。

零部件组装为装配体时按常用机械配合添加约束。在 Motion 分析中，前处理要重构零部件的层级关系，检查冗余的配合和自由度，以及重新编辑配合关系。

在创建点与面的配合时，需要创建参考点。零部件与装配体应按需创建配合参考点，如图 6-8 所示。

Motion 分析要点
与注意事项
（扫码看视频）

图 6-8　创建配合参考点

　　冗余（如图 6-7 所示的总多余约束数）为 0 的配合组合类型存在多种，下面仅列举能满足分析条件的其中一组配合类型，但所需的最终结果不受影响。

## 6.3　设置配合

　　设置配合的步骤如下。

　　（1）添加【同心】配合 ◎：圆柱面与圆柱面。添加【同心】配合，如图 6-9 所示，包括主单元零部件与活塞零部件、活塞零部件与活塞杆端头、活塞杆端头与连杆零部件（一）、活塞杆端头与连杆零部件（二）、主单元零部件与左钳臂零部件，以及主单元零部件与右钳臂零部件。

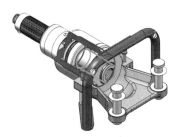

（a）主单元部件与活塞部件

（b）活塞部件与活塞杆端头

（c）活塞杆端头与连杆部件（一）

（d）活塞杆端头与连杆部件（二）

（e）主单元部件与左钳臂部件

（f）主单元部件与右钳臂部件

彩色图

图 6-9　添加【同心】配合

（2）添加【重合】配合 ⼊：点与轴。添加点与轴的【重合】配合，如图 6-10 所示，包括右钳臂孔（参考点）与连杆零部件（销轴），以及左钳臂孔（参考点）与连杆部件（销轴）。

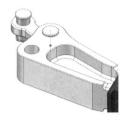

（a）右钳臂孔（参考点）与连杆部件（销轴）　　　　（b）左钳臂孔（参考点）与连杆部件（销轴）

图 6-10　添加点与轴的【重合】配合

（3）添加【重合】配合 ⼊：点与平面。添加点与平面的【重合】配合，如图 6-11 所示，包括连杆部件（销草图参考点）与右钳臂（平面）、连杆零部件（销草图参考点）与活塞杆端头（平面）、活塞杆端头（点）与活塞（面），以及主单元零部件（垫圈参考点）与钳臂（平面）。

（a）连杆部件（销草图参考点）与右钳臂（平面）

彩色图

（b）连杆零部件（销草图参考点）与活塞杆端头（平面）

（c）活塞杆端头（点）与活塞（面）

Motion 分析模型
（扫码看视频）

（d）主单元部件（垫圈参考点）与钳臂（平面）

图 6-11　添加点与平面的【重合】配合

（4）添加【重合】配合 ⅄：平面与平面。添加平面与平面的【重合】配合，如图 6-12 所示，包括左滑块（面）与导轨（面），以及右滑块（面）与导轨（面）。

（a）左滑块（面）与导轨（面）

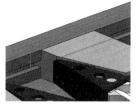
（b）右滑块（面）与导轨（面）

彩色图

图 6-12　添加平面与平面的【重合】配合

（5）添加【重合】配合 ⅄：线与面。添加线与面的【重合】配合，如图 6-13 所示，包括右滑块（线）与导轨（面），以及左滑块（线）与导轨（面）。

（a）右滑块（线）与导轨（面）

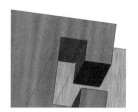
（b）左滑块（线）与导轨（面）

彩色图

图 6-13　添加线与面的【重合】配合

## 6.4　Motion 分析与后处理

（1）启动插件。

先单击【SOLIDWORKS 插件】选项卡，再单击【SOLIDWORKS Motion】按钮，启动插件，如图 6-14 所示。

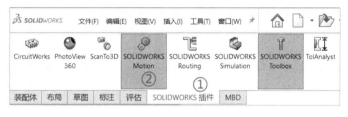

图 6-14　启动插件

（2）进入运动算例。

单击状态栏中的【运动算例 1】选项卡，如图 6-15 所示。

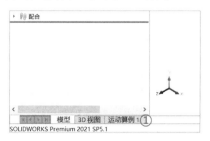

图 6-15　单击【运动算例 1】选项卡

（3）选择 Motion 分析。

在【算例类型】下拉列表中选择【Motion 分析】选项，如图 6-16 所示。

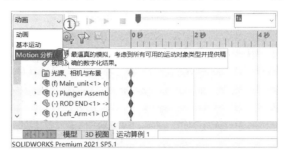

图 6-16　选择【Motion 分析】选项

（4）添加马达（线性），选择运动方向。

如图 6-17 所示，单击【马达】按钮 🐾，先将【马达类型】设置为【线性马达（驱动器）】→，再选择平面以定义运动方向（平面法向），最后切换运动方向（视图区域箭头指向）。

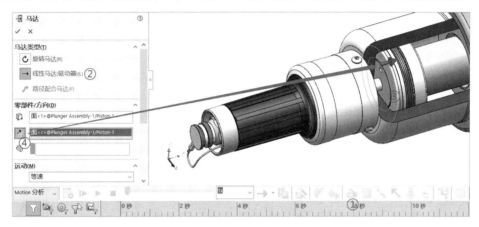

图 6-17　添加马达

（5）设置运动控制方式和马达参数。

如图 6-18 所示，在【运动】下拉列表中选择【距离】选项，在数值框中输入运动行程 60 mm 和运动时长 10s。

（a）选择【距离】选项　　　　　　　　（b）输入运动行程 60 mm 和运动时长 10s

图 6-18　设置马达参数

（6）设置滑块一的阻力。

如图 6-19 所示，单击【力】按钮，选中箭头所指平面，以定义力的方向（所选平面法向），切换运动方向（视图区域蓝色箭头方向）。

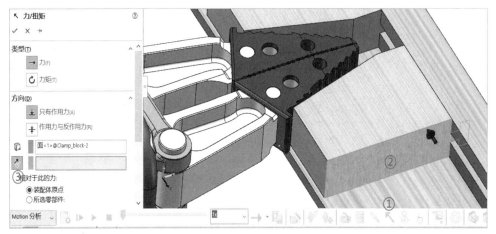

图 6-19　设置力的方向

（7）设置阻力的大小。

如图 6-20 所示，设置阻力的大小为 20 000N。

彩色图

图 6-20　设置阻力的大小

（8）设置滑块二的阻力。

滑块二与滑块一的阻力相似，但力的方向相反，如图 6-21 所示。

（9）设置接触 。

如图 6-22 所示，在【接触】属性管理器中，将【接触类型】设置为【实体】，并勾选【使用接触组】复选框，分组选择实体（两个滑块归为一组，两个钳爪归为一组）。

（10）设置接触参数。

取消勾选【材料】复选框和【摩擦】复选框，如图 6-23（a）所示，即不使用库中材料的接触参数，不考虑摩擦；展开【弹性属性】组，选中【冲击】单选按钮，如图 6-23（b）所示，设置接触参数。

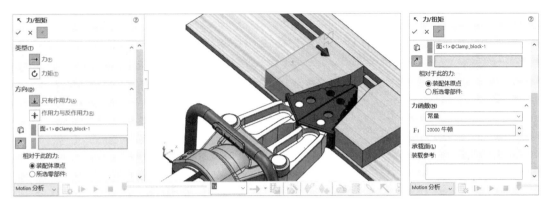

图 6-21 设置滑块二的阻力

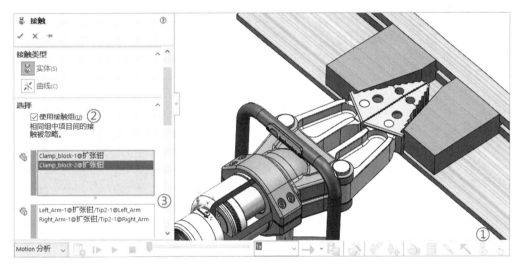

图 6-22 设置接触

（a）取消勾选【材料】复选框和【摩擦】复选框 　　　　　（b）选中【冲击】单选按钮

图 6-23 材料属性

（11）选择时间键码◆并将其拖动到 10 s 处。

设置仿真时间：选择时间键码◆并将其拖动到 10 s 处，如图 6-24 所示。

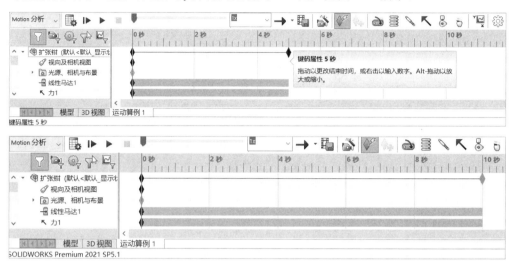

图 6-24　设置仿真时间

（12）计算运动算例。

如图 6-25 所示，单击【计算】按钮，计算运动算例。

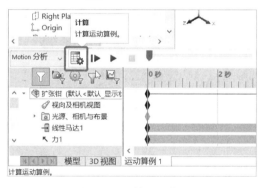

图 6-25　计算运动算例

Motion 分析配合关系
（扫码看视频）

（13）播放运动动画。

如图 6-26 所示，单击【播放】按钮，播放动画。

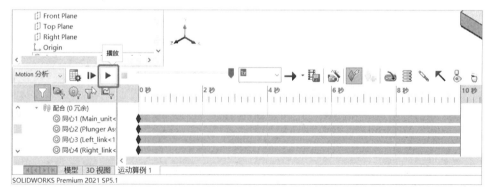

图 6-26　播放动画

（14）检查冗余。

右击【配合（0 冗余）】，在弹出的快捷菜单中选择【自由度】命令，如图 6-27（a）所示，自由度检查信息如图 6-27（b）所示，总多余约束数为 0（即 0 冗余），总（估计）自由度为 3，其中扩张钳的自由度为 1，两个滑块的自由度为 1。

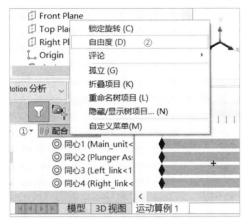
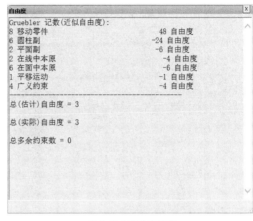

（a）选择【自由度】命令　　　　　　　　　　　（b）自由度检查信息

图 6-27　检查冗余

（15）创建马达力图解。

如图 6-28 所示，展开【结果】组，在【选取类别】下拉列表中选择【力】选项，在【子类别】下拉列表中选择【马达力】选项，在【结果分量】下拉列表中选择【X 分量】选项或【幅值】选项，在【Motion 分析树】中选中【线性马达 1】，并添加对象生成结果。

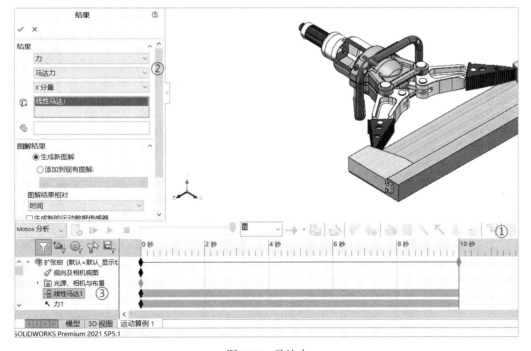

图 6-28　马达力

输出的曲线如图 6-29 所示，可将其另存为.csv 格式，打开图解显示数据点，大约在 2.91s 时最大马达力为 218 959N。

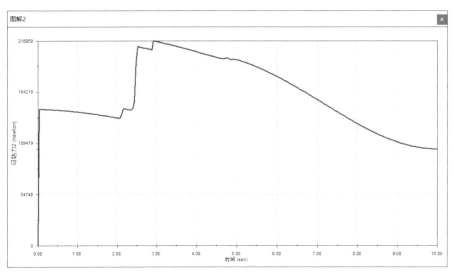

图 6-29　输出的曲线

SolidWorks Motion 采用 ADAMS 求解器，因为进行的是刚体动力学分析，不考虑变形，所以在计算出的动力学结果中，力的结果受实体材料的接触参数的影响很大，即应当获取可靠的接触参数，从工程角度来看，完全可接受此计算结果（软件计算结果的误差小于 5‰）。

（16）查看最大马达力模型位置。

如图 6-30 所示，在输出的曲线上单击峰值力位置，SolidWorks 自动在视图区域显示对应时间的模型位置，同时运动算例的时间指针对应在对应时间线上。

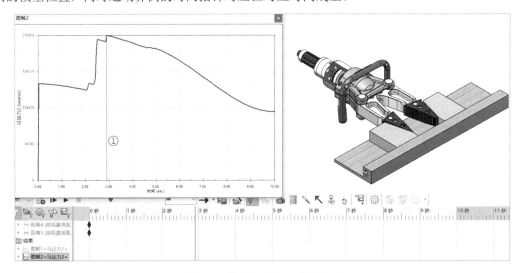

图 6-30　输出的曲线与模型位置

（17）查看连杆部件销配合反作用力。

可以任意选择销的视图区域的可见面，并选择关联的【同心】配合，就可以知道销上力的传递路径与大小，如图 6-31 所示。

任选连杆视图区域的可见面，并选择关联的【重合】（点&轴）配合，就可以知道力的传递路径与大小，如图 6-32 所示。

（18）钳臂部件与主单元部件销配合反作用力。

钳臂部件与主单元部件销配合反作用力如图 6-33 所示。

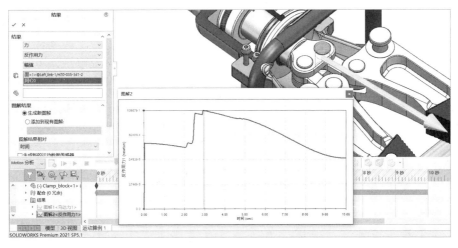

图 6-31　销上力的传递路径与大小

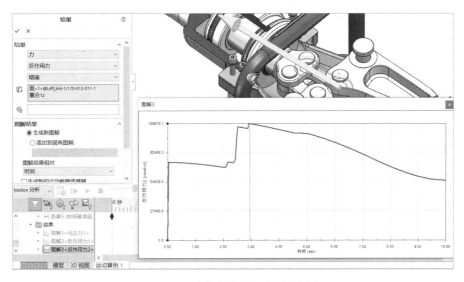

图 6-32　连杆部件销配合反作用力

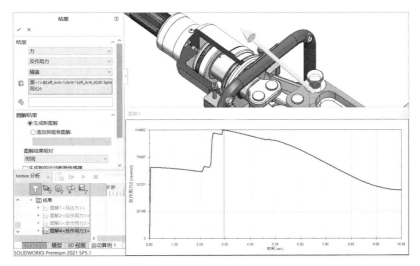

图 6-33　钳臂部件与主单元部件销配合反作用力

（19）检查其他配合反作用力。

检查其他配合反作用力，如图 6-34 所示。

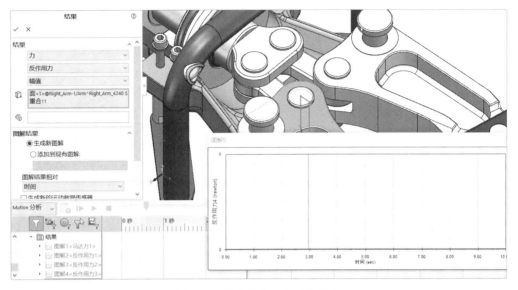

图 6-34　检查其他配合反作用力

非机械配合的点面【重合】配合（确定位置，即约束轴向平移自由度）反作用力为 0，如图 6-35 所示。

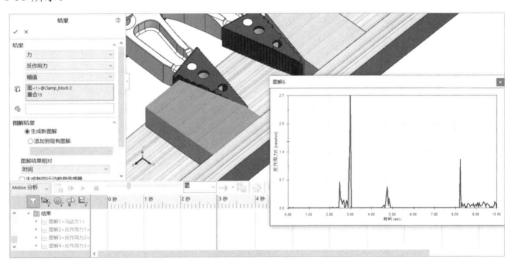

图 6-35　输出非机械配合的线面配合

非机械配合的线面配合辐值有波动，但相对于全局实际受力而言，完全可以忽略不计。

Motion 分析后处理
与结果分析
（扫码看视频）

# 第7章　结构件强度受力分析计算

结构有限元强度分析主要研究结构在工作状态（最大受力状态）下的应力及其变形状况，从而为结构设计提供理论参考。

本章以液压扩张钳的有限元静应力分析为例展开介绍，边界条件为第6章中Motion分析的最大受力条件及对应位置。

## 7.1　前处理

### 1. 创建新装配体配置

创建新装配体配置，如图7-1所示。单击左侧目录树中的【配置管理器】按钮，选中【默认[扩张钳]】并右击，在弹出的快捷菜单中选择【属性】命令，弹出如图7-2所示的【配置属性】属性管理器，勾选【高级选项】组中的【压缩新特征和配合】复选框和【压缩新零部件】复选框。

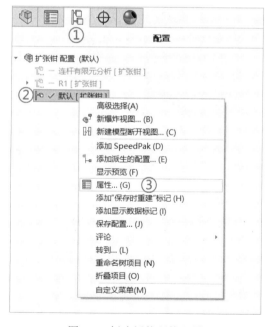

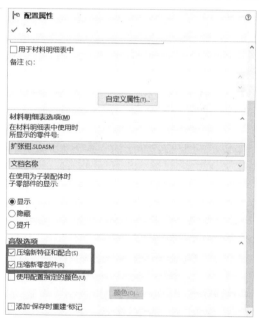

图7-1　创建新装配体配置　　　　　　　　图7-2　【配置属性】属性管理器

在【配置】属性面板中，右击【扩张钳配置】，在弹出的快捷菜单中选择【添加配置】命令，并标识配置名称，如图7-3所示。

### 2. 确定位置

激活原配置，在Motion分析中，将时间指针拖动到2.92s或单击时刻2.92s，使用时间栏右下角中的放大工具 🔍🔍🔍，测量距离（见图7-4），添加所需距离配合（新建配合在原Motion分析中应压缩）。

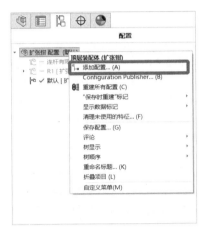

有限元三维模型准备
（扫码看视频）

图 7-3　【配置】属性面板

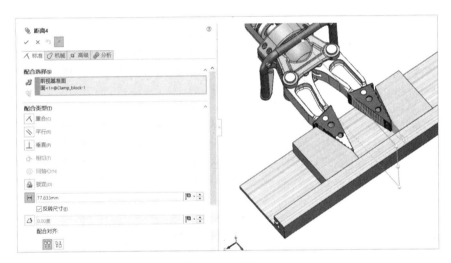

图 7-4　距离测量

### 3．检查干涉

因为结构的有限元分析计算效率（时间）与模型的接触连接条件紧密相关，所以需要排除不重要/错误的干涉问题。

切换到【干涉检查】属性管理器中，勾选【视重合为干涉】复选框，如图 7-5 所示。

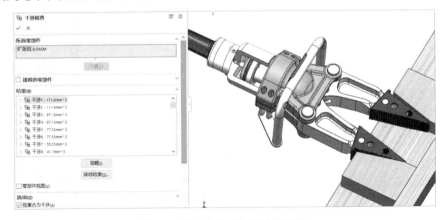

图 7-5　【干涉检查】属性管理器

### 4. 压缩零部件

压缩主单元部件、活塞部件、导轨零件，压缩零件与分析零件连接配合的位置，使用夹具进行恰当的约束等效代换压缩零件。

为连杆部件创建新配置，压缩挡圈，自定义配置名（本节命名为 Simulation），并在总装配体中选择新配置，如图 7-6 所示。首先，在设计树中单击子装配体【Left_link<1>】；其次，在弹出的快捷工具栏中单击下拉按钮，在弹出的下拉列表中选择简化配置，此处选择【Simulation】选项，如图 7-7 所示。

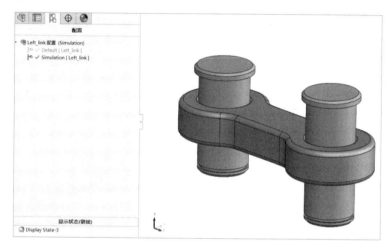

图 7-6　连杆部件

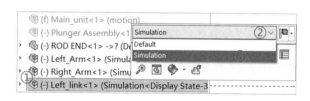

图 7-7　选择【Simulation】选项

钳臂部件的操作步骤与连杆部件的操作步骤相同，重新配置压缩销钉，具体步骤如图 7-8 所示。简化后扩张钳模型如图 7-9 所示。

创建装配体爆炸视图，以便选择接触条件的面，如图 7-10 所示。

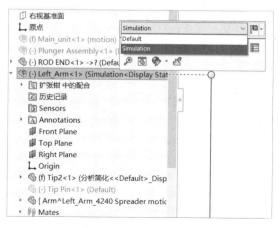

图 7-8　钳臂简化配置

图 7-9 简化后扩张钳模型

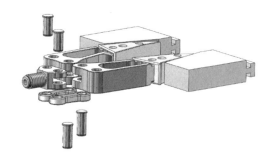

图 7-10 爆炸视图

### 5. 零部件特征及尺寸调整

机构装配及工作需要具有真实的活动变形空间，所以需要对活塞杆端头和连杆的局部尺寸进行调整，如图 7-11 和图 7-12 所示。将活塞杆端头中的连杆槽的高度设计尺寸由 15mm 修改为 15.1mm。

图 7-11 活塞杆端头尺寸调整

图 7-12 连杆尺寸调整

根据弹性力学理论，在结构的尖角处应力结果将无穷大（受力面积突变影响），所以为了在重要位置避免出现不真实的结果，需要在存在尖角的位置进行处理。为连杆的通孔与表面相交锐边增加圆角特征 R1，如图 7-13 所示；将钳爪的齿纹进行压缩处理，将尖角部位改为圆角特征 R，如图 7-14 所示。

彩色图

图 7-13 增加圆角特征 R1

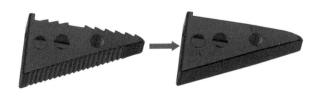

图 7-14 压缩齿纹特征

虽然新增了特征圆角，但因为与滑块接触，并且在确定的最大受力位置上，钳爪与滑块均发生变形，即二者在初始位置发生几何实体干涉，力的大小与干涉体积密切相关，所以圆角尺寸大小应预先做分析测试并调整，此处省略该步骤，直接给出近似圆角半径 90mm，如图 7-15 所示。

　　子装配体中的零件同样需要执行简化配置操作。钳臂部件中钳爪的简化配置步骤如图 7-16 所示，即选择【Tip2<1>】→【分析简化】选项。连杆部件中连杆的简化配置步骤如图 7-17 所示，即选择【170-012-011<1>】→【R1】选项。其他简化配置的选择方法类似，按实际分析要求操作即可。

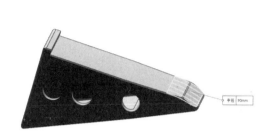

图 7-15　导圆角

图 7-16　钳爪的简化配置步骤

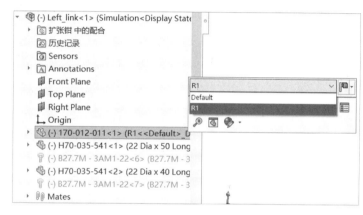

图 7-17　连杆简化配置步骤

有限元三维模型
前处理
（扫码看视频）

有限元系统选项
设置
（扫码看视频）

## 7.2　有限元分析

### 1．启动 SolidWorks Simulation 插件

　　单击【SOLIDWORKS 插件】选项卡中的【SOLIDWORKS Simulation】按钮（见图 7-18），启动相关插件。

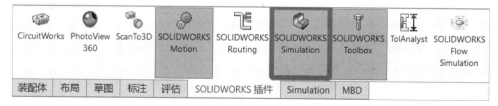

图 7-18　单击【SOLIDWORKS 插件】选项卡中的【SOLIDWORKS Simulation】按钮

### 2．创建新算例

　　创建新算例的步骤如下。

　　（1）单击【Simulation】选项卡。

（2）单击【新算例】按钮，如图 7-19 所示。

图 7-19　单击【新算例】按钮

（3）展开【算例】属性管理器中的【常规模拟】组，单击【静应力分析】按钮，在【名称】文本框中输入合适的算例名称，如图 7-20 所示。新生成的分析树如图 7-21 所示。

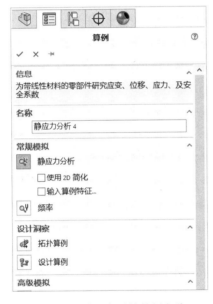

图 7-20　输入合适的算例名称

图 7-21　新生成的分析树

### 3. 设置材质

在默认建模方式下，均为实体网格（SolidWorks Simulation 实体网格只有四面体单元）。线性静态分析默认采用【线性弹性各向同性】。钳臂的材料设置步骤如图 7-22 所示。

（1）右击钳臂部件实体图标【Left_Arm-1/Arm^Left...】。

（2）在弹出的快捷菜单中选择【应用/编辑材料】命令。

（3）在弹出的材料库的材料类别【铝合金】中选择【7075-T6(SN)】选项。

（4）单击【应用】按钮。

其他部件的材料设置也可以采用相同的步骤。其中，滑块的材料为普通碳钢，普通碳钢的参数如图 7-23（a）所示。销的材料为【AISI 4130 钢，退火温度为 865℃】，AISI 4130 钢的参数如图 7-23（b）所示。活塞杆端头的材料为【AISI 4340 钢，退火】，AISI 4340 钢的参数如图 7-23（c）所示。钳爪的材料为陶瓷，因为钳爪是非重要部件，不必考虑其失效，所以此处选取刚度较大的材质进行计算。陶瓷的参数如图 7-23（d）所示。

若零件图标显示绿色对钩 零件 ，则表明所有材质完全指定，否则计算时将跳出提示框。

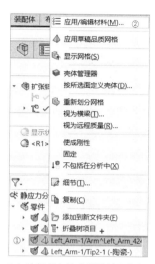

（a）选择【应用/编辑材料】命令

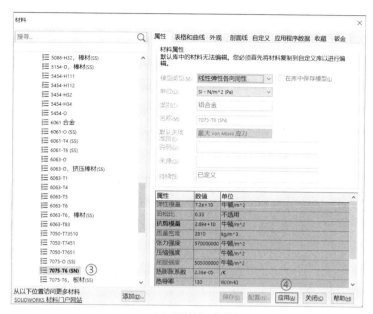

（b）【材料】对话框

图 7-22　钳臂的材料设置步骤

| 属性 | 数值 | 单位 |
|---|---|---|
| 弹性模量 | $2.1 \times 10^{11}$ | N/m² |
| 泊松比 | 0.28 | 不适用 |
| 抗剪模量 | $7.9 \times 10^{10}$ | N/m² |
| 质量密度 | 7800 | kg/m³ |
| 张力强度 | 399 826 000 | N/m² |
| 压缩强度 | | N/m² |
| 屈服强度 | 220 594 000 | N/m² |

（a）普通碳钢的参数

| 属性 | 数值 | 单位 |
|---|---|---|
| 弹性模量 | $2.05 \times 10^{11}$ | N/m² |
| 泊松比 | 0.285 | 不适用 |
| 抗剪模量 | $8 \times 10^{10}$ | N/m² |
| 质量密度 | 7850 | kg/m³ |
| 张力强度 | 560 000 000 | N/m² |
| 压缩强度 | | N/m² |
| 屈服强度 | 460 000 000 | N/m² |

（b）AISI 4130 钢的参数

| 属性 | 数值 | 单位 |
|---|---|---|
| 弹性模量 | $2.05 \times 10^{11}$ | N/m² |
| 泊松比 | 0.285 | 不适用 |
| 抗剪模量 | $8 \times 10^{10}$ | N/m² |
| 质量密度 | 7850 | kg/m³ |
| 张力强度 | 745 000 000 | N/m² |
| 压缩强度 | | N/m² |
| 屈服强度 | 470 000 000 | N/m² |

（c）AISI 4340 钢的参数

| 属性 | 数值 | 单位 |
|---|---|---|
| 弹性模量 | $2.205\ 9 \times 10^{11}$ | N/m² |
| 泊松比 | 0.22 | 不适用 |
| 抗剪模量 | $9.040\ 7 \times 10^{10}$ | N/m² |
| 质量密度 | 2300 | kg/m³ |
| 张力强度 | 172 340 000 | N/m² |
| 压缩强度 | 551 490 000 | N/m² |
| 屈服强度 | | N/m² |

（d）陶瓷的参数

图 7-23　材料参数

## 4．添加连接条件

在结构分析中进行静态分析的前提是模型必须稳定，即提供完全约束，自由度约束除了使用设置的约束（SolidWorks 中称为夹具），还经常用连接条件来还原真实（或简化）的零部件间的配合、连接约束。

由于有限元中无法识别进行三维设计时添加的配合关系，因此在分析时模型所处的位置必须正确，模型的受力接触条件不仅需要手动设置，还需要选择具有接触关系的成组面。

添加连接条件的步骤如下。

（1）如图 7-24 所示，展开【连结】→【零部件交互】，选中【全局交互】并右击，在弹出的快捷菜单中选择【删除】命令。【全局交互】为默认设置，代表初始面重合（配合）的两个实体（零部件）间是焊接关系，即同一个整体，通常是不真实或错误的连接关系。

（2）添加接触连接。激活爆炸视图，选中【连结】并右击，在弹出的快捷菜单中选择【本地交互】命令，如图 7-25 所示。将【类型】设置为【相触】（SolidWorks 2021 之前的版本称为【无穿透】），如图 7-26（a）～图 7-26（f）所示，共添加 12 组【相触】类型。过盈配合是添加【本地交互】选择类型【冷缩配合】，如图 7-27 所示，共有 2 组设置。设置完成的【本地交互】分析树如图 7-28 所示。

图 7-24　删除【全局交互】

图 7-25　选择【本地交互】命令

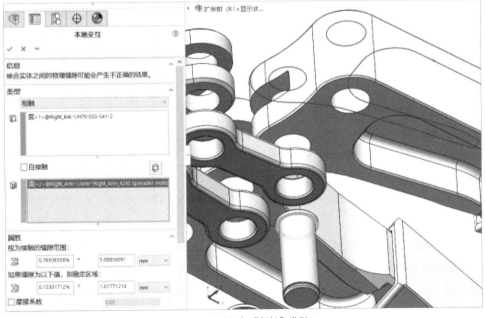

彩色图

（a）添加【相触】类型 1

图 7-26　设置面接触

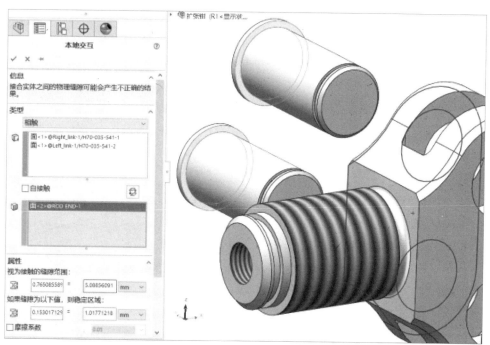

彩色图

（b）添加【相触】类型 2

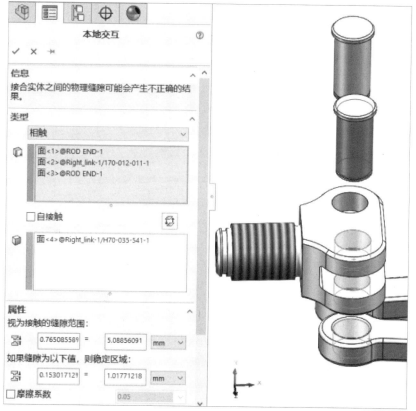

彩色图

（c）添加【相触】类型 3

图 7-26　设置面接触（续）

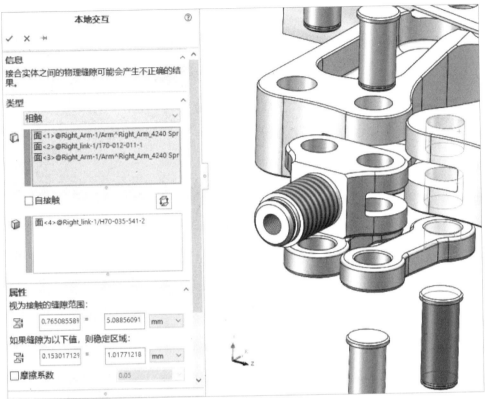

（d）添加【相触】类型 4

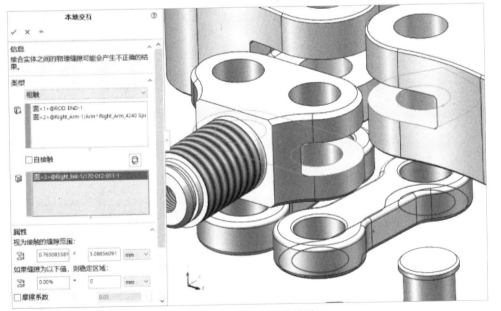

（e）添加【相触】类型 5

图 7-26　设置面接触（续）

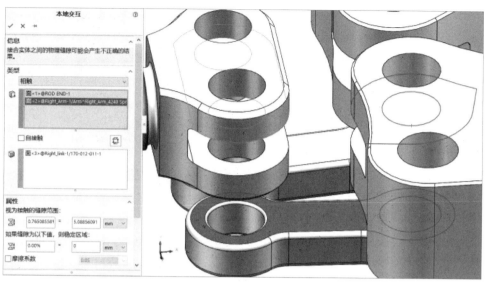

彩色图

（f）添加【相触】类型 6

图 7-26　设置面接触（续）

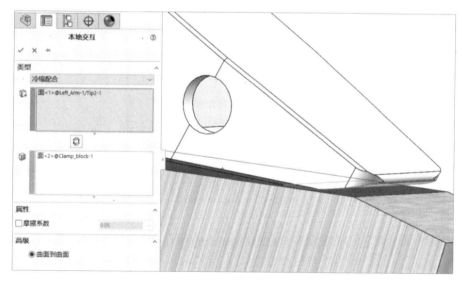

彩色图

图 7-27　设置过盈配合

图 7-28　设置完成的【本地交互】分析树

右击【连结】，添加【零部件交互】，将【交互类型】设置为【接合】，选择实体的钳臂和钳爪，表示两个实体作为一个焊接整体考虑，创建两组【零部件交互】，如图 7-29 所示。设置完成的【零部件交互】分析树如图 7-30 所示。

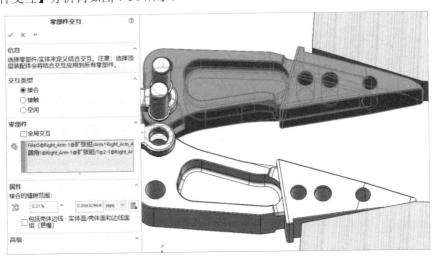

*彩色图*

图 7-29　【零部件交互】设置

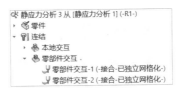

图 7-30　设置完成的【零部件交互】分析树

### 5．添加约束

为机构滑块的两个端面添加固定约束，具体步骤如下：选中【夹具】并右击，在弹出的快捷菜单中选择【固定几何体】命令，如图 7-31 所示。在弹出的如图 7-32 所示的【夹具】属性管理器中，选择滑块的两个端面（原始施加阻力位置）添加【固定几何体】约束，完全约束 6 个自由度，实体网格无旋转自由度。

*彩色图*

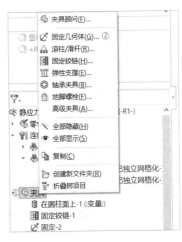

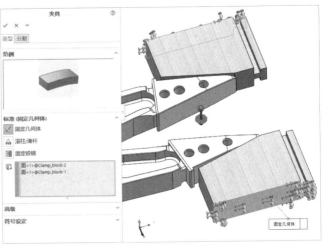

图 7-31　选择【固定几何体】命令　　　　　　图 7-32　【夹具】属性管理器

在销杆连接位置添加【固定铰链】约束，约束 5 个自由度，允许绕轴旋转，如图 7-33 所示。

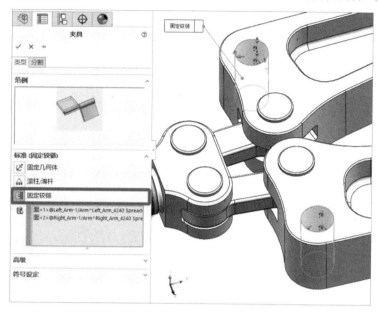

彩色图

图 7-33　设置销轴约束

活塞杆端头螺纹圆柱面为施加载荷位置，只保留沿轴向的平移自由度，选中【夹具】并右击，在弹出的快捷菜单中选择【高级夹具】命令，在弹出的【夹具】属性管理器中单击【在圆柱面上】按钮，展开【平移】组，选中图标，并且在图标后面的数值框中输入【0】，即约束径向平移和圆周旋转自由度，如图 7-34 所示。

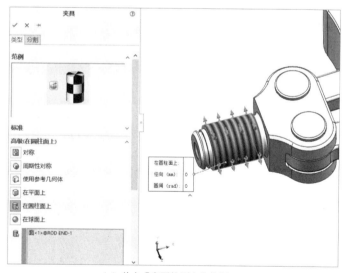

彩色图

（a）单击【在圆柱面上】按钮　　　　　　（b）输入【0】

图 7-34　设置活塞杆约束

### 6．添加载荷

添加载荷，如图 7-35 所示。

（1）选中【外部载荷】并右击。

（2）在弹出的快捷菜单中选择【力】命令。

有限元数学模型
（扫码看视频）

（3）在弹出的【力/扭矩】属性管理器中，选择螺纹圆柱面作为载荷作用的位置。

（4）选中【选定的方向】单选按钮。

（5）选中活塞杆端头零件端面作为力的参考方向。

（6）确认单位为 SI（力的单位为牛顿），选中【垂直基准面】图标 。

（7）在【垂直基准面】图标 后面的数值框中输入【218959】，力的数值来源于 Motion 分析的马达力结果。

　　添加引力，使连接销的挂台在接触方向产生力（相当于销自重，数值很小），以约束竖直方向的自由度。

（8）选中【外部载荷】并右击。

（9）在弹出的快捷菜单中选择【引力】命令。

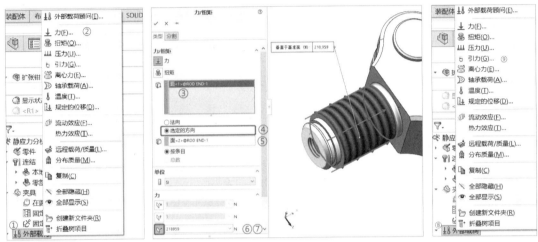

（a）选择【力】命令　　　　（b）【力/扭矩】属性管理器　　　　（c）选择【引力】命令

图 7-35　添加载荷

### 7. 设置与划分网格

　　重要区域需要使用网格细化，而在分析前可能并不知道哪些位置应力高，因此一般先按照默认网格计算，再根据计算出的应力结果将应力水平高的重要区域的网格细化。为了获得合适的细化的参数设置，可能涉及多次计算。此处省略此过程，只列举可用的参数。如图 7-36 所示，选中【网格】并右击，在弹出的快捷菜单中选择【应用网格控制】命令。

彩色图

图 7-36　启动网格管理

连杆、钳臂及销孔（与销产生接触应力）网格划分的参数设置如图 7-37 所示。在钳臂圆角过渡处（应力集中区域），钳臂每个表面的设置参数如图 7-38 所示。钳臂连接销及钳爪圆角网格的参数设置如图 7-39 所示。

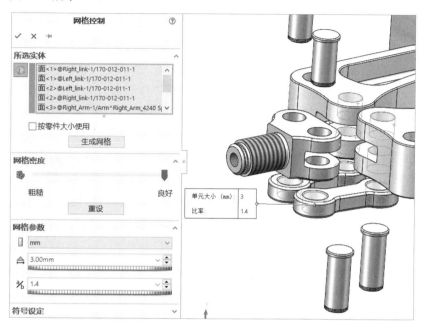

彩色图

图 7-37　连杆、钳臂及销孔网格划分的参数设置

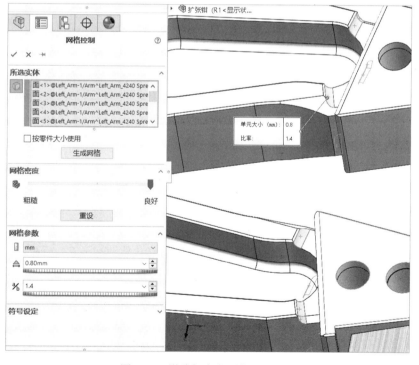

彩色图

图 7-38　钳臂每个表面的设置参数

划分网格：在分析树中，选中【网格】并右击，在弹出的快捷菜单中选择【生成网格】命令，采用默认的网格密度，展开【网格参数】组，选中【基于曲率的网格】单选按钮，如图 7-40 所示。

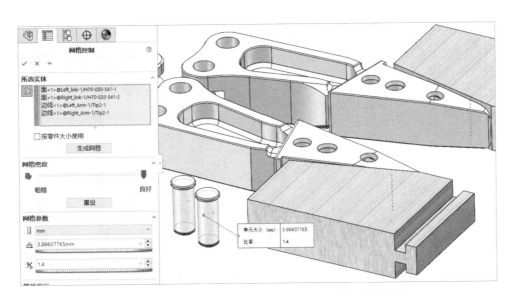

彩色图

图 7-39　钳臂连接销及钳爪圆角网格的参数设置

（a）选择【生成网格】命令

（b）选中【基于曲率的网格】单选按钮

图 7-40　网格划分

对于复杂的接触模型，可能由于预先考虑不全面，或者设置遗漏引起分析模型不稳定产生错误的结果，因此需要先使用一阶（草稿品质）单元计算，确认无误后再采用二阶（高品质）单元计算，目的是提高有限元分析的使用效率，此处省略该过程，以最终的设置直接体现。

### 8．设置算例选项

本案例因为接触条件多，网格数量大，所以需要选择效率高的求解器。对于复杂接触问题，推荐使用 Direct Sparse 求解器。

如图 7-41 所示，选中分析树顶端算例名称【静应力分析 3[从静应力分析 1]（-R1-）】并右击，在弹出的快捷菜单中选择【属性】命令，在打开的【静应力分析】对话框中，选中【解算器】选项组中的【手工】单选按钮，在弹出的下拉列表中选择【更多解算器】→【Large Problem Direct Sparse】命令。

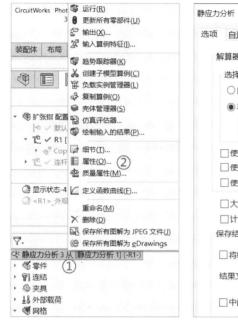

（a）选择【属性】命令　　　　（b）选择【更多解算器】→【Large Problem Direct Sparse】命令

图 7-41　设置静应力属性

### 9. 运行计算

选中分析树中顶端的算例名称并右击，在弹出的快捷菜单中选择【运行】命令，或者单击【Simulation】选项卡中的【运行此算例】按钮（见图 7-42）。

有限元分析网格与错误修正
（扫码看视频）

图 7-42　单击【Simulation】选项卡中的【运行此算例】按钮

### 10. 受力检查

1）销杆连接受力检查

如图 7-43 所示，选中【结果】并右击，在弹出的快捷菜单中选择【列出合力】命令。如图 7-44 所示，先选中【反作用力】单选按钮，再选中销杆孔（夹具位置），单击【更新】按钮，得到等效约束力的结果 104 350N，与 Motion 分析结果 104 662N 相近，误差小于 3‰。

2）滑块受力检查

阻力方向对应坐标系中的 $Z$ 轴，有限元计算所需值为 20 893N，与 Motion 分析设置值 20 000N 的偏差约为 4.5%，这主要是因为初始预变形（过盈体积干涉）很难精确控制，分析结果取决于简化近似的尺寸【R90】，如图 7-45 所示。

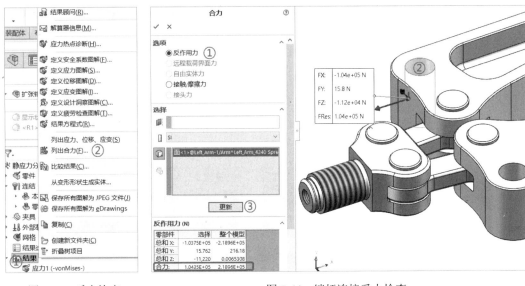

图 7-43　受力检查　　　　　　　　　　图 7-44　销杆连接受力检查

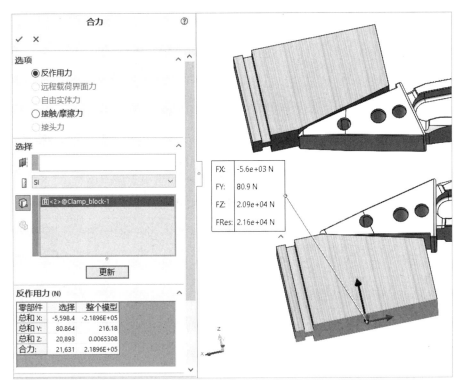

图 7-45　滑块外侧受力检查

查看钳爪与滑块接触面受力结果。将接触受力设置为【接触/摩擦力】，除了 Y 轴结果（因考虑重力），其他受力与夹具反作用力大小相等但方向相反，亦表明滑块处于合力为零的平衡状态，如图 7-46 所示。

3）连杆作用力检查

有限元结构分析结果显示连杆接触力为 110 000N，Motion 分析结果显示连杆接触力为 109 879.1N，偏差小于 1.2‰，如图 7-47 所示。

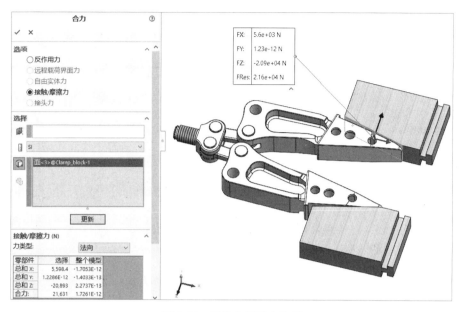

图 7-46　滑块内侧受力检查

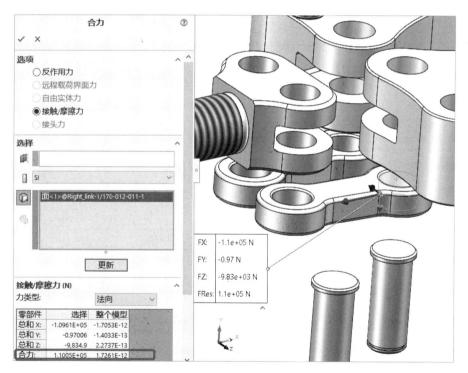

图 7-47　连杆作用力检查

## 11. 应力结果后处理

单击前导视图中的【隐藏】按钮 👁，隐藏所有类型，展开【结果】文件夹，双击【应力 1】
查看应力结果，可调整颜色显示（默认为连续颜色）。右击【结果】颜色条，在弹出的快捷菜单中
选择【边缘选项】→【离散】命令，将颜色更改为离散显示，如图 7-48 所示。

（a）展开【结果】文件夹

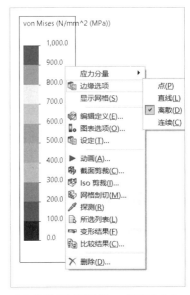

（b）选择【边缘选项】→【离散】命令

图 7-48　设置应力显示属性

可以按照需求调整单位与数值显示区间：双击【结果】颜色条，取消勾选【自动定义最大值】复选框，手动输入所需数值，在下拉列表中按需选择显示数字（值）格式，如【浮点型】和【科学型】等，单击【定义】选项卡，自定义应力分量、单位，或者显示变形比例设置，如图 7-49 所示。

（a）【图表选项】选项卡

（b）【定义】选项卡

图 7-49　设置应力显示图参数

使用截面剪裁查看装配体内部结果。当【应力 1】在激活状态下时，选中【应力 1】并右击，在弹出的快捷菜单中选择【截面剪裁】命令，如图 7-50 所示。

将【基准面】设置为【前视基准面】，并在数值框中输入数值或将视图区域手动拖动到合适的位置，之后单击【确定】按钮，并且将视图方向调整为前视，如图 7-51 所示。

图 7-50　选择【截面剪裁】命令

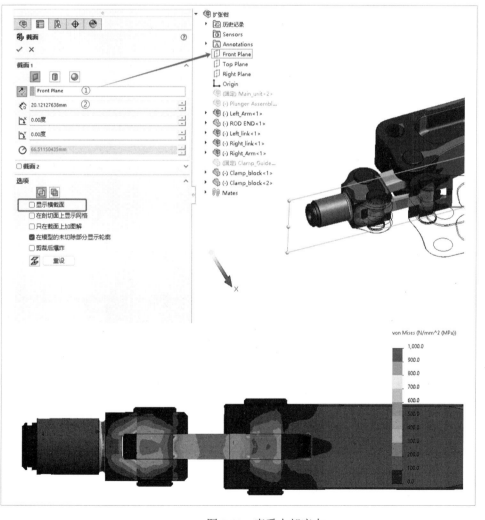

彩色图

图 7-51　查看内部应力

右击激活状态下的【应力 1】，在弹出的快捷菜单中选择【动画】命令，将播放速度滑动条拖到最左端，以最慢的速度查看动画效果，如图 7-52 所示。

（a）选择【动画】命令　　　　　　　　　　　　　　（b）拖动播放速度滑动条

图 7-52　动画播放

双击【结果】文件夹下的【位移 1】查看位移结果。装配体位移结果不同于零件变形，包含所有零件的累加变形结果及初始间隙等，如图 7-53 所示。

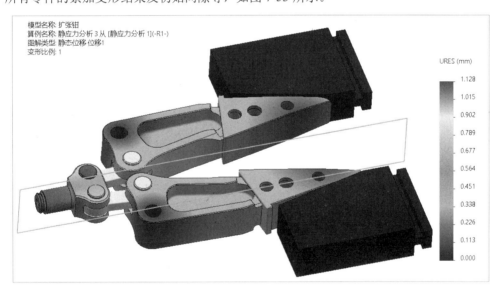

彩色图

图 7-53　装配体位移结果

### 12. 连杆结果后处理

选中【位移 1】并右击，在弹出的快捷菜单中选择【隐藏】命令，创建连杆应力图解，如图 7-54 所示。选中【结果】文件夹并右击，在弹出的快捷菜单中选择【定义应力图解】命令。如图 7-55 所示，在【应力图解】属性管理器中勾选【仅显示选定实体上的图解】复选框，并单击【选择图解的实体】按钮 ⬚，视图区域会选中连杆。

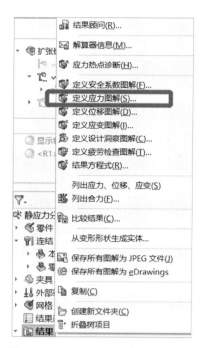

图 7-54　选择【定义应力图解】命令

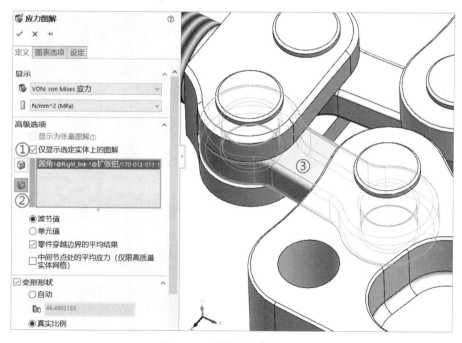

图 7-55　设置连杆应力显示

　　右击【结果】颜色条，在弹出的快捷菜单中选择【显示网格】命令，显示如图 7-56 所示。
　　创建安全系数图解。右击【结果】文件夹，在弹出的快捷菜单中选择【定义安全系数图解】命令。在【安全系数】属性管理器中，选中【选定的实体】单选按钮，并选择连杆，展开【高级选项】组且勾选【设置安全系数上限】复选框（在文本框中输入【2】），单击【下一步】按钮 ⊙（见图 7-57），采用如图 7-58 所示的默认设置，单击【确定】按钮。安全系数云图如图 7-59 所示。

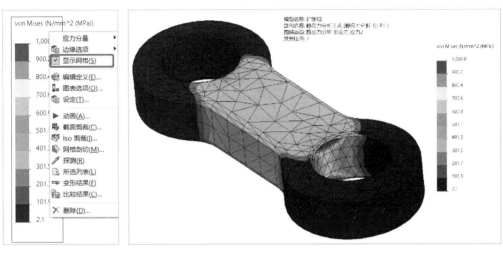

图 7-56　显示网格

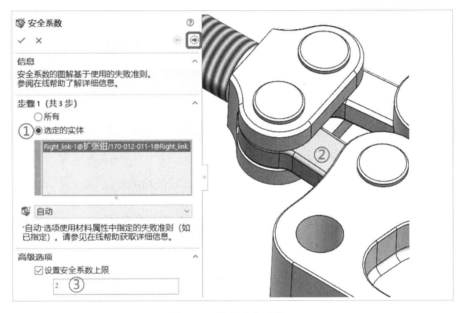

图 7-57　设置安全系数 1

图 7-58　设置安全系数 2

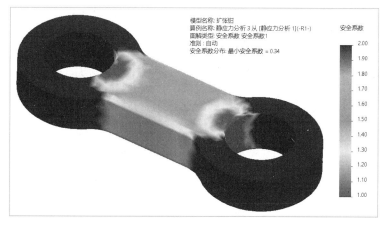

彩色图

图 7-59　连杆安全系数云图

连杆材质为 AISI 4130 钢，退火温度为 865℃，屈服强度为 460MPa，最大应力超过 1000MPa，最小安全系数为 0.34，结合图 7-59 可知，红色区域（即实际发生受力接触的区域）将发生屈服。本案例进行的是线性分析，一旦超过屈服强度，数值将不真实（屈服区域提供指示参考）。

一般而言，此类发生较大接触受力的活动部件均需要进行表面处理，如渗碳/渗氮等，从而在一定程度上提高强度和耐磨性。在不发生损坏的情况下，局部屈服还将产生冷拉增强效应，以进一步提高部件的强度。在本案例中，计算应力值过大，需要进一步进行真实且深入的分析，必须采用非线性计算，并且需要获取材质较为完整的应力-应变曲线。因为超出了本书内容，所以此处不深入讨论。最终设计修改主要有两个方向，分别为结构尺寸和材质。

### 13. 钳臂结果后处理

关于钳臂应力与安全系数图解的设置此处不再赘述（与上述步骤相同）。钳臂应力云图如图 7-60 所示，钳臂安全系数云图如图 7-61 所示。

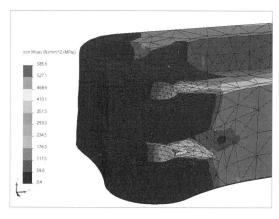
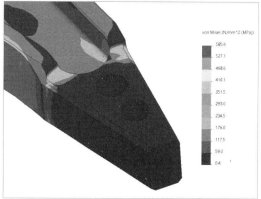

图 7-60　钳臂应力云图

彩色图

钳臂的材质为 7075-T6（SN），屈服强度为 505MPa，最大应力区域为尖角处（从理论上来说可以无穷大）。钳臂与连接销的接触区域为主要受力部位，但最小安全系数及包含的范围并不大。由此可知，钳臂在接触区域内会发生小区域的局部屈服，而圆角过渡区域（忽略不真实的尖角）仍有大于 2.0 的安全系数值。综合而言，钳臂的应力结果对其正常使用无影响，满足设计要求。

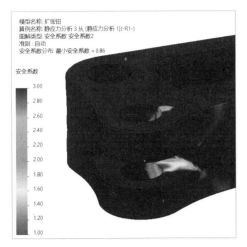
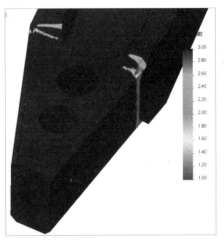

彩色图

图 7-61　钳臂安全系数云图

### 14．连接销计算结果及分析

连接销应力云图如图 7-62 所示，连接销变形云图如图 7-63 所示。连接销的材质为 AISI 4130 钢，退火温度为 865℃。从应力结果来看，最主要的应力区域为接触受力区域，超过 600MPa 的应力区域较小，可以通过更换强度更高的材质/表面进行强化处理。另外，由位移结果可知，销（杆）的计算变形挠度为 0.124（0.927–0.803）mm。

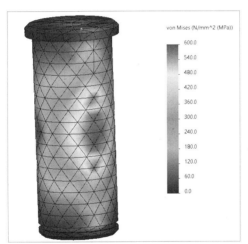

图 7-62　连接销应力云图

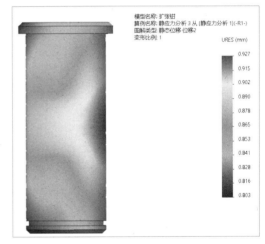

图 7-63　连接销变形云图

### 15．分析总结

连杆：强度不满足要求，真实受力需要进一步深入进行非线性分析。

钳臂：设计满足使用要求。

彩色图　　　彩色图

连接销：强度不满足要求，要求更换强度更高的材质/表面进行强化处理。

有限元分析后处理与结果评估
（扫码看视频）